沈磊总师团队
Shen Lei Chief Planning Team

城市总规划师与
生态城市实践系列作品

沈磊 编著

九水连心

嘉兴市
规划建设总师示范

NINE WATERS CONVERGE INTO ONE HEART

Jiaxing Urban Planning and Construction Chief Planner Demonstration

Shen Lei

中国建筑工业出版社

作者简介

住房和城乡建设部城市设计专家委员会委员、中国城市科学研究会常务理事、中国建筑学会常务理事、中国城市科学研究会总师专业委员会副主任、中国城市规划学会国外城市规划学委会副主任、宁波城市更新专家委员会副主任委员。历任中国沿海城市地级市（台州市）、副省级市（宁波市）、直辖市（天津市）城市总规划师和规划局副局长，现任长三角生态绿色一体化发展示范区（嘉善片区）、建党百年嘉兴、金华、绍兴新昌、山西蒲县等城市总规划师，主持100余项重要城市规划与城市设计。

沈磊教授带领团队全面创新探索城市总规划师模式，基于对"国体、政体、规体"统一性的长期思考研究，充分彰显城市规划的整体性、系统性、全局性特征，构建适用于中国国情的"规划设计实施"体系。以城市格局、动能、活力、韧性及品质等方面的动态研究作为"本底规划"重要抓手，以"行政与技术1+1的总师模式"为机制保障，以"生态城市"为实施技术重点，形成从规划到建设的理论、技术、实践体系，确保一张蓝图层层深化、优化、美化并高质量落地，完成了一个又一个城市级作品，取得了显著的社会效益和经济效益。

沈磊教授曾获得光华龙腾奖中国设计奖金奖、住房和城乡建设部华夏建设科学技术奖一等奖，主持的众多项目获詹天佑金奖、全国优秀城乡规划一等奖、全国优秀工程勘察设计一等奖等国内20余项嘉奖，也多次荣获AMP美国建筑大师奖、WGDO绿色设计国际大奖、SIP新加坡规划师学会奖等国际荣誉。沈磊教授倡导理论联系实际，探索现代城市规划新方法与新理论，出版《金色底板 长三角生态绿色一体化发展示范区（嘉善片区）规划建设总师示范》《九水连心 嘉兴市规划建设总师示范》《城市更新与总师模式》《城市总规划师模式 嘉兴实践》《城市中心区规划》《控制性详细规划》《天津城市设计读本》等10余部专著。相关思想理论应用于国家市长学院培训教材，培训全国城市领导干部千余人，并多次主持科技部、教育部、住房和城乡建设部重大科研课题。项目成果多次在国际会议交流，提升了我国城市规划、建设、治理工作的理论性及科学性，形成了较高的国际影响力，实现了"走进一座城，点亮一座城"的目标。

沈磊 教授、博士生导师
中国城市科学研究会总工程师
中国生态城市研究院常务副院长
浙江大学城乡发展与规划创新研究中心主任
WGDO世界绿色设计之都委员会主席
俄罗斯自然科学院院士
国家一级注册建筑师，国家注册规划师

本书编委会

主　　任：沈　磊

编 委 会：王　康　崔梦晓　李　强　胡楚焱　翟端强　郭　亮

参编人员：沈　菁　陈　恳　陈卫琴　马惠玲　张洁莹　盛　洁　张　玮　李思濛　甄延临
　　　　　赵　亮　田　琨　秦红梅　黄佳海　祁赛龙　仇晨思　张　琳　高　凡　武俊良
　　　　　卓　强　陈天泽　刘亚霏　陈艳玲　朱琼浩

编制单位：中国生态城市研究院沈磊总师团队、浙江大学城乡发展与规划创新研究中心

协助编制单位：(按拼音字母排序，排名不分先后)

阿海普建筑设计咨询（北京）有限公司	上海都市再生实业有限公司
阿特金斯顾问（深圳）有限公司	上海市城市建设设计研究总院（集团）有限公司
艾奕康环境规划设计（上海）有限公司	上海市建工设计研究总院有限公司
艾奕康设计与咨询（深圳）有限公司	上海市园林设计研究总院有限公司
艾奕康（天津）工程咨询有限公司	上海市政工程设计研究总院（集团）有限公司
安棣建筑设计（上海）有限公司	上海天夏景观规划设计有限公司
奥雅纳工程咨询（上海）有限公司	上海同济城市规划设计研究院有限公司
北京清华同衡规划设计研究院有限公司	上海译格照明设计有限公司
北京市建筑设计研究院股份有限公司	深圳市建筑设计研究总院有限公司
北京土人城市规划设计股份有限公司	深圳市天华建筑设计有限公司
北京正和恒基滨水生态环境治理股份有限公司	天津大学建筑设计规划研究总院有限公司
波士顿国际设计 BIDG	天津华汇工程建筑设计有限公司
博埃里建筑设计咨询（上海）有限公司	天津市建筑设计研究院有限公司
博度景观设计（上海）有限公司	天津市园林规划设计研究总院有限公司
查普门泰勒建筑设计咨询（上海）有限公司	同济大学建筑设计研究院（集团）有限公司
长三角（嘉兴）城乡建设设计集团有限公司	伟信（天津）工程咨询有限公司
戴水道景观设计咨询（北京）有限公司	西城工程设计集团有限公司
德国 ISA 意厦国际设计集团	易兰（北京）规划设计股份有限公司
泛亚景观设计（上海）有限公司	浙江利恩工程设计咨询有限公司
杭州绿创规划咨询有限公司	浙江省古建筑设计研究院有限公司
杭州中联筑境建筑设计有限公司	中国城市发展研究有限公司
宏正工程设计集团股份有限公司	中国城市规划设计研究院
华东建筑设计研究院有限公司	中国电建集团华东勘测设计研究院有限公司
嘉兴市国土空间规划研究有限公司	中国建筑设计研究院有限公司
晋思建筑设计事务所（上海）有限公司	中国联合工程有限公司
卡斯帕建筑设计咨询（上海）有限公司	中国市政工程华北设计研究总院有限公司
凱達環球（亞洲）有限公司	中国铁路设计集团有限公司
MAD 建筑事务所	中科院建筑设计研究院有限公司
美国生态系统城市设计事务所	中铁第六勘察设计院集团有限公司
南京东南大学城市规划设计研究院有限公司	中铁第四勘察设计院集团有限公司
南京市城市与交通规划设计研究院股份有限公司	中铁第五勘察设计院集团有限公司
欧博迈亚工程咨询（北京）有限公司	中铁二院工程集团有限责任公司
欧华尔顾问有限公司	中铁工程设计咨询集团有限公司
PFS Studio	中铁上海设计院集团有限公司
清华大学建筑设计研究院有限公司	筑土国际顾问咨询公司（新加坡）
三石规划设计（天津）有限公司	

序 一
Preface I

建设高质量的城市需要规划引领，大到城市总体规划、城市片区风貌设计，小到城市生命线工程规划，都肩负着引领城市未来发展的重要使命和责任，都必须坚持创新，以新的理念和方法去大胆实践。虽然现代城乡规划理论与实践正在日趋完善，但在幅员辽阔、差异性强的我国，城乡规划仍面临着一系列统筹与实施的挑战，存在着规划落地性差、管控指导不足、不能充分解决城市实际问题、前瞻性不足等诸多不足……在高质量城镇化发展背景下，讨论适应新时代城乡规划治理模式是非常重要的一个议题。

"城市总规划师"制度，就是在这样的新时代背景下，从新的形势、新的特点、新的任务出发，在宏观、中观、微观等多层面交融和把握城市发展脉络的基础上，分类管控、逐级传导、层层落实，不断实践形成的一种创新性规划制度。城市总规划师团队可以理解为城市政府在规划建设决策上的"总参谋部"，用专业的规划理论、翔实的分析调研和丰富的实践经验，指导地方党委和政府作出准确的规划技术决策。面向新时代的城乡规划，既需要城市总规划师的专业知识来保证决策的理性，同时更需要依靠城市总规划师对城乡规划建设的责任意识和使命感，全流程地保证城乡空间规划的高质量呈现。

习近平总书记指出，城市工作要把创造优良人居环境作为中心目标；让城市融入大自然，让居民望得见山、看得见水、记得住乡愁。在建党百年的契机下，沈磊同志作为城市总规划师，谋划嘉兴城市发展，包括从城市物质空间形态到精神文明传承的系列落实。一方面，嘉兴物质空间层面的规划强化了总体城市设计的引导，以专项规划编制与实施导则指导，有效优化了城市空间形态与特色风貌；另一方面，嘉兴精神文明层面的规划充分挖掘了城市本底的生境、史境和城乡发展格局，强调历史文化根基的保护、利用与传承，延续地方优秀文化和情感记忆，形成了提升城市内涵、品质和特色的重要途径。此外，沈磊同志组织编制的嘉兴规划还通过水生态综合治理与城乡环境品质升级，稳步推进绿色低碳建设，积极实施城市有机更新。保护和发展城市特色风貌、传承历史文化的民族情感记忆、建设生态文明的美丽中国、解决群众身边的急难愁盼问题，是沈磊同志以及其所带领的总师团队在谋篇布局每个城市的过程中一直坚持的总体思路。

"攻坚克难，善作善成"，2024年是中华人民共和国成立75周年，是实施"十四五"规划的关键一年。随着我国的城镇化进入"下半场"，城市建设方式逐步由粗放型外延式的"增量"发展向集约型内涵式的"存量"发展转变。城乡规划行业和学科领域都处在转型、调整的阵痛期，整个行业如何适应变化，拥抱新技术、找寻新的增长点、保障可持续发展至关重要。这一时期也是进一步全面深化改革的关键期，城市发展也以城市更新为重点，进入了转型阶段的重要时期。站在新的历史起点上，适应高质量发展是城市规划和建设工作的必然要求。

沈磊同志带领的总师团队在嘉兴、金华、新昌、台州等地践行总师模式，通过本底分析、整体规划、重点项目策划及全过程实施管控带来了城市蝶变。他们以"行政与技术1+1"开创"城市总规划师"规划治理创新模式，把全生命周期管理理念贯穿城市规划、建设、管理、运营、服务全过程各环节，整合规划、设计、管理、建设上下游专业和知识链，提升城市价值并取得了显著的社会和经济效益。他们用生态城市的基本理念和总师模式的机制优势，提升城市整体品质，助力城市高质量发展，真正做到了"走进一座城，点亮一座城"。我非常欣喜地看到有以"九水连心"为代表的城市总规划师与生态城市实践系列丛书问世，这标志着沈磊总师团队一系列创新的理论与实践成果能为更多从业者所学习推广。我也十分期待总规划师模式能在中国更多城市得到实践，为城市规划的科学性和实践性、为城市未来的高质量发展作出更多贡献。

仇保兴
国际欧亚科学院院士、住房和城乡建设部原副部长

序 二
Preface II

改革开放以来，我国经历了世界历史上规模最大、速度最快的城镇化进程。特别是党的十八大以来，我国城镇化的水平和质量显著提升。大规模、快速的城镇化，为经济、社会、科技、文化的发展以及各类资源的高效配置，提供了有力的支撑和空间保障，城市的宜居性、韧性和智慧性水平有了很大的提高。党的二十大报告进一步阐述了新型城镇化战略，提出"推进以人为核心的新型城镇化"，对城市的规划、建设、治理提出了新的要求，特别是对规划决策的科学性、建设实施的有效性、治理服务的针对性等问题，亟待通过体制机制的改革和转换，加以突破和完善。正是在这样的背景下，城市总规划（建筑）师制度得以提出、试点和推行。

作为中国共产党诞生地，为迎接建党百年以及为这座千年古城和百年红船起航地谋划新时代的发展蓝图，嘉兴市创先进行总规划师制度的尝试与探索，聘任沈磊同志为总规划师，期待发挥"总师模式"的优势，对嘉兴整体战略格局和空间布局进行全面谋划，以更好地落实国家战略、引领生态文明、推动城乡融合、促进产业兴旺、传承历史文化、实现区域统筹、提升人民幸福。沈磊总师团队在充分调研的基础上，仅以488天的时间就高质量地完成任务，从顶层谋划到全局规划，从项目策划到管理组织，全过程实施把控，通过专项组织、系统分类、多元统筹、主体协同的新时期嘉兴城市规划工作，为实施"百年百项"重点工程提供了技术保障。他们在这一服务过程中也对总规划师制度作出有益的探索和总结。

他们体会到，城市总规划师制度的核心在于"总师总控"，这种把控是全覆盖、全过程和多环节的，在城市总体层面，他们对全域全要素资源进行挖掘与评估，抓住江南水乡中"水"这一关键要素资源，提出以南湖为中心连接9条水系，将其与深厚的历史文化、良好的生态环境融为一体，创造性提出"九水连心"的城市格局，构建起嘉兴最本质的特色格局与城市风貌。在片区层面，他们对城市核心区的保护与更新、对当期与未来重大项目的开发布局，对生态用地的划定与保护，都作出规划定位与控制；在组团及节点层面，他们运用城市设计方法，对城市的精品资源加以整合提升，使其成为城市的活力中心和标志性地物，彰显城市历史底蕴、传统文脉和文化特色，营造具有时代感的场所精神。

总之，总规划师制度旨在保证城市规划从总体决策到具体项目落地的全生命周期的有效管控。城市总规划师为城市政府决策提供规划编制、审查、实施、修改等方面的专业咨询，确保城市政府决策的科学性、统一性、前瞻性和连续性，从而达成技术管理与行政管理"1+1＞2"的叠加效果。

城市总规划师模式在现代化高质量规划建设治理的背景下，作为一种制度创新，在嘉兴的规划实践中获得的成功值得全面地梳理总结和提高。沈磊和他的团队在履职总规划师的同时，还注重研究理论和探讨规律，从理论与实践的结合上，对总规划师制度进行全面的解读，《九水连心　嘉兴市规划建设总师示范》即为开篇之作。

在不同城市的案例中，总师模式对城市空间管控展开的在地化思考研究和积极的实践探索，正在为我们呈现出一条具有中国特色的空间规划治理新路径。在城市可持续、低碳绿色与高质量发展的变革中，我们迫切需要思考未来要建设什么样的城市以及建设的理论、方法与实践。沈磊及其总师团队已经在这条开创性的道路上迈出了坚实的一步，我们期待这一系列丛书能不断书写新的篇章，为我国其他城市的高质量发展输出可借鉴的成功经验。

宋春华
住房和城乡建设部原副部长、中国建筑学会原理事长

序 三
Preface III

我国的城市发展逐渐从"建城"过渡到了"营城"，城镇化率从改革开放初期的 17.9% 上升到 2024 年的 66.16%。从 1978 年到 2018 年，我国城市数量从不到 200 个增加到超过 660 个，建制镇从 2000 个左右增加到 21000 多个。站在城镇化发展的新起点上，我国看到，在快速城镇化的进程中，出现了用地空间扩张快于城镇人口增长的现象，城镇建设用地规模扩张过快的问题凸显。2000 年至 2012 年，我国城镇建设用地增长了 70%，而城镇建成区人口密度却大幅下降。

随着我国城市逐渐进入存量发展时代，城市建设暴露出诸多问题。2013 年 12 月，习近平总书记在中央城镇化工作会议上指出："如果每个城市都'摊大饼'式地扩张下去，农田、菜地、绿地一环又一环被水泥所吞噬，城市建成区越摊越大，就会摊出不可治愈的城市病，甚至将来会出现一些'空城''鬼城'。"在 2015 年召开的中央城市工作会议上，习近平总书记对城市发展提出 24 字方针，即"集约发展、框定总量、限定容量、盘活存量、做优增量、提高质量"，推动城市发展由外延扩张式向内涵提升式转变。

近期，党的二十大提出"提高城市规划、建设、治理水平，加快转变超大特大城市发展方式，实施城市更新行动，加强城市基础设施建设，打造宜居、韧性、智慧城市"。这是以习近平同志为核心的党中央站在全面建设社会主义现代化国家、全面推进中华民族伟大复兴的战略高度，准确研判我国城市发展新形势，对进一步提升城市高质量发展作出的重大决策部署。

在我国城市发展的关键转型期，如何把握一座城市未来的发展趋势，如何将城市的内涵与活力通过规划手段充分展现出来，如何把规划建设全流程融入后续城市的运营、管理和服务，是城市不同尺度规划更新的核心要求，更是规划工作者们所必须思考的问题。由沈磊同志率领的城市总规划师团队，通过规划与管理模式的创新，用他们在嘉兴建党百年之际的实际行动，为我们作出了非常好的规划建设与更新示范。

2021 年，沈磊同志来清华大学，我们有过一次深刻的交流。他向我展示了最初嘉兴规划"九水连心"的概念草图，以其创新性的思维理念、严谨而系统的规划模式，为嘉兴提出了"三大目标、六大观念和十大方法"的规划设想。在"十四五"规划和2035远景目标的时代背景下，将城市有机更新的理论与实践，从"宏大叙事、外延扩张"向"品质宜居、内涵提升"进行革新转变。我以为这是一次城市规划建设对环境保护与经济发展的回应，是对文化传承与创新交融的回应，是对城乡融合与共同发展的回应，是对人与自然和谐共生的回应，更是对新时代征程、新发展理念、新战略格局的有力回应。

沈磊同志带领总师团队，从规划前期对嘉兴的本底资源梳理，到规划建设实施过程中的全流程跟进与全方位把控，再到规划实施完成后的全生命周期运营与服务保障，今天，当年"九水连心"的概念规划已经完成了近90%，真正地做到了一个规划团队的责任与担当，真正让一座城市感受到了规划的高度、温度与宜人的尺度，真正让规划造福一方水土和一方人。不管是"九水连心"的空间整体布局，还是双轴营城、圈层抬升空间结构管控，从南湖片区的整体环境整治、三大革命的人居环境提升到科创片区的产业引入升级，责任使然、专业造就的规划团队，能在短短488天的时间里"点亮"一座城，我想沈磊同志和他的总师团队，给出了一份满意的答卷。

城市总规划师团队在嘉兴的规划探索，让嘉兴呈现一派"秀水泱泱、文风雅韵、国泰民安"的高品质城市景象。据我所知，《九水连心 嘉兴市规划建设总师示范》是"城市总规划师与生态城市实践系列作品"的开山之作，沈磊同志领衔的总师团队，正在中国更多的城市实践总师总控的模式，将这一先进的规划理念与不同城市的地方特色相结合，走出一条中国特色的规划道路。我很期待看到沈磊同志在总师模式上系列性的创新探索，能够更加有效地引领城市高质量永续发展！

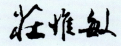

庄惟敏
中国工程院院士，清华大学建筑设计研究院首席总建筑师

前 言

在中国特色社会主义伟大事业的征程中，完善新型城镇化战略，是实现高质量城镇发展和城乡融合的必然选择。自党的十八大提出"加快构建科学合理的城市化格局、农业发展格局、生态安全格局"以来，优化国土空间发展格局逐渐提升为新型城镇化的国家战略。党的二十大报告还进一步强调"人与自然和谐共生的现代化""全体人民共同富裕的现代化"以及"物质文明和精神文明相协调的现代化"等内涵，对城市规划建设起到了纲领性的引导作用。

2018年11月，习近平总书记在首届中国国际进口博览会上宣布，支持长江三角洲区域一体化发展并上升为国家战略，着力落实新发展理念，构建现代化经济体系，推进更高起点的深化改革和更高层次的对外开放。2019年5月，中共中央政治局会议审议通过《长江三角洲区域一体化发展规划纲要》，强调要紧扣"一体化"和"高质量"两个关键。未来长三角地区将加快打造一个具有强大影响力和辐射力的高质量发展区域集群。从国家战略的发展转型，到区域发展的必然合作，嘉兴都承担着重大的地理区位使命——以多中心的网络发展，提升区域整体城市能级；以综合发展廊道为依托，打造区域创新转化枢纽；以生态安全重要腹地为保障，发挥示范区的带动作用；以世界湾区重要节点为基础，打造环杭州湾经济区第三极。

嘉兴处于长三角城市群和上海大都市圈当中，与上海、杭州、苏州、宁波都仅有30分钟高铁的通行距离，"连沪通杭接苏达甬"区位条件优越。嘉兴历史文化底蕴深厚，不仅是我党的诞生之地，水乡文化也是中华文明一颗璀璨的明珠，运河水网引领城市空间发展，府县制也是嘉兴城市发展历史中的一大特色，仅子城就有1800年的历史。同时，嘉兴具有极好的科创和产业发展条件，它处于长三角G60科创走廊的核心地带，有着巨大发展的空间。生态文明的时代背景下，城市的发展与建设需要追求自然与人工的平衡、历史与创新的平衡、经济发展与生态环境的平衡。

因此，在中央发展方向指导下，在迎接建党百年的重要时刻，总师团队谋划嘉兴的未来愿景。一方面，在国土空间规划、城乡规划建设等各项工作中，体现碳达峰碳中和的综合战略目标，建设江南田园网络城市，使嘉兴成为中国"生态城市"的最佳试验城市和示范城市；另一方面，在高质量发展、共同富裕、科创赋能、文化自信等各项工作中，发挥空间规划的制度优势，建设水乡运河与革命文脉、创新发展与人居和谐共融共生的未来城市生活图景。在总师总控模式的引导下，既打造嘉兴生态绿色、创新发展与文化传承的城乡规划战略"高度"，也体现嘉兴以人为本、城乡融合及人居环境更新的谋政在民行动"温度"。在千年古城、文化之邦以及革命圣地的百年变革之际，率先走出中国特色空间规划治理新道路，体现不忘初心的历史承诺与实际行动准则。本书主要包括"时代挑战""本底规划""实践蝶变"三大篇章共七个章节：

第一章，从新时代中国特色社会主义现代化进程的视角分析了我国的发展要求及空间发展格局，为规划铺设了转型新时期的时代宏图背景。

第二章，从国家战略、区域合作、地理区位三类不同尺度，阐述了在时代转型与治理变革背景下的空间规划，特别是长三角地区空间规划所面临的机遇挑战。

第三章，以嘉兴的具体视角阐述了迎接建党百年期间嘉兴所面临的城市规划挑战以及总师总控模式指导下嘉兴的规划探索方法，形成了一套制度创新的先导实践。

第四章，分别从生境、史境和城乡本底格局入手，以严谨的技术手段对嘉兴的规划进行系统性、整体性、综合性的本底分析研判工作。这一工作体现了总师总控模式的制度创新与先进性。在蓝图规划阶段，梳理城市生境，全面认识、理解城市生态系统，包括海、湖、河、荡、塘在内的所有水要素，田、塘田等农田系统，生物迁徙，动植物多样性以及其他富有嘉兴特色的生态条件。在此基础上，系统性地落实保护与发展，使嘉兴的城、镇、村等代表城市历史演进与城乡空间格局的人居场所能够落在良好的生态本体上，构架生态文明时期的城市发展模式。

第五章，基于本底研判的综合结果，提出宏观的战略空间格局谋划方法与中、微观城市发展目标导则策略。一方面，从强化空间格局、提升区域综合承载能力入手，分析嘉兴建设世界级的一体化城市群的长三角空间格局优势，提出了嘉兴网络化市县联动、生态化水韵田园格局、适应禀赋的市域空间构建方法，并重点锚定了嘉兴"九水连心、圈层抬升"的长期空间治理目标和"一心两城、百园千泾"的资源要素精准布局。另一方面，从着力品质提升、促进城市整体更新入手，构筑城市蓝绿生态韧性基底、重塑城市功能服务体系、构建高效低耗发展模式、凸显江南建筑风貌特色。实现了规划引领下城市总体格局与具体实施的指导谋划。

第六章，详细介绍了总师总控模式在嘉兴的具体实践案例，包括"一控规多导则"的管控传导体系、"建设管控导则"指引的一般性综合管控和"规建管运服"五位一体的重点统筹。提出了宏观、中观、微观的具体发展导则指引，包括编制九水建设管控导则，塑造九水连心城市空间结构，管控嘉兴江南水乡活力空间；编制建筑风貌导则，分区分类施策，管控传导城市风貌；编制城市设计指引，在土地出让之前对地块开展详细研究，作为行政引导性文件落实公共管理要求。

第七章，阐述了总师团队在嘉兴提出的"三六九"城市行动纲领，以及实施总师总控模式的系统分类、核心优势以及组织模式，分类施策进行全过程把控。整体把控嘉兴独特的水城肌理，形成九水连心的城市结构，对城市形态进行圈层抬升的高度控制，打造"嘉兴园林赛苏杭"的江南水韵风貌，形成"三六九"的城市发展路径，以"党的宗旨的体现、国家战略的落实、不忘初心的行动"为核心，以"生态文明、城乡融合、产业兴旺、文化传承、区域统筹、人民幸福"为目标，形成九大板块的工作内容，为未来城市设计以及城市设计工作搭建新的"顶层设计"。此外，在第七章中，我们还通过一系列翔实的实践案例支撑，重点阐述了城市级、片区级和组团级的系统性项目，并对这些项目的高品质呈现以及与总师总控制度创新的模式关联进行了实践分析，让实践成果讲述总师总控模式的先进性。

本书是城市总规划师模式在中国城镇化上半场于嘉兴的实践总结，也是对新的规划管理方式的实践经验探索。本书通过介绍总师总控模式的时代背景、理论创新、实践步骤以及在嘉兴不同区域、不同尺度下的具体实践经验，探讨了新型城镇化战略下总体城市设计与"规建管运服"五位一体方法的创新思路，为规划师、设计师、规划管理者、政府决策部门提供了可供参考的方法和典型案例，为新时代城市规划的方法创新研究提供了理论与实践支撑，为我国其他城市建设提供了一套可参考、可复制、具有较强实效性的"技术管理+行政管理"的规划模式与方法措施指引。同时，本书也尽可能避免了复杂晦涩的专业术语，而是以纪实的手法提升内容可读性，希望能将中国城市规划的发展进程以及创新的规划方法模式引向大众，以飨所有关注嘉兴城市发展、关注中国城乡规划的读者。

在红船精神传承的革命之地嘉兴进行城市总规划师模式的探索，更多的是希望能够总结与借鉴改革开放40年来中国城市发展的经验与教训，走出一条中国特色规划治理道路，并以此为基础，提炼出一套涵盖组织架构、制度架构、技术架构以及职业架构的管理模式，更好地促进中国城乡规划建设发展水平的提高。这符合目前中国城镇化下半场对于高质量发展、以人民为中心以及生态文明等时代发展方向的需求，希望能够实现中国规划和建设要"为当地留精品，为后代留文物"的目标。

沈 磊

Forword

In the journey of the great cause of socialism with Chinese characteristics, improving the new urbanization strategy is an inevitable choice to achieve high-quality urban development and urban-rural integration. Since the 18th National Congress of the Communist Party of China proposed the construction of a scientific and reasonable urbanization pattern, agricultural development pattern, and ecological security pattern. The optimization of national spatial development pattern have further elevated to a national strategy of new urbanization. The report of the 20th National Congress of the Communist Party of China further emphasized the connotations of "modernization of harmonious coexistence between humans and nature", "modernization of common prosperity for all people", and "modernization of coordinated material and spiritual civilization", which played a guiding role in urban planning and construction.

In November 2018, President Xi announced at the first China International Import Expo that it would support the integrated development of the Yangtze River Delta region and elevate it to a national strategy, focus on implementing the new development concept, build a modern economic system, and promote deeper reforms and higher-level opening-up from a higher starting point. In May 2019, the Outline of the Development Plan for Regional Integration in the Yangtze River Delta was reviewed and approved at the Political Bureau meeting of the Party Central Committee, emphasizing the need to firmly grasp the two core elements of "integration" and "high quality". In the future, the Yangtze River Delta will accelerate the construction of a high-quality development regional cluster with strong influence and radiation. From the transformation of national strategic development to the inevitable cooperation of regional development, Jiaxing bears a significant geographical mission. As a multi-center network, enhance the overall urban level of the region. As a corridor for comprehensive development, we aim to create a hub for regional innovation and transformation. As an important hinterland of ecological security, play the driving role of demonstration zones. As an important node in the World Bay Area, we aim to build the third pole of the Hangzhou Bay Economic Zone.

Jiaxing is located in the Yangtze River Delta urban agglomeration and the Shanghai metropolitan area. It is only 30 minutes away from Shanghai, Hangzhou, Suzhou, and Ningbo by high-speed rail, and its location conditions are superior. Jiaxing has a profound historical and cultural background. It is not only the birthplace of the Communist Party of China, but also nourishes the water town culture, a bright pearl in Chinese civilization. There are canals and water networks leading the development of urban space, and there are also historical prefectures and counties as a major feature of urban development, such as the sub-city with a history of 1,800 years. In terms of modern development, Jiaxing has excellent technological innovation and industrial conditions: it is located in the core area of the G60 China Science and Technology Innovation Corridor, and has huge room for development. Under the background of ecological civilization, the development and construction of cities need to pursue the balance between nature and man-made, history and innovation, economic development and ecological environment.

Therefore, under the guidance of the central development direction and at the important moment of welcoming the centenary of the founding of the Communist Party of China, the team of the chief engineer is planning the future vision of Jiaxing. On the one hand, in various work such as national spatial planning and urban-rural planning and construction, the comprehensive strategic goal of carbon peak and carbon neutrality is reflected, and the construction of Jiangnan Rural Network City makes Jiaxing the best experimental and demonstration city for China's "ecological city". On the other hand, in the work of high-quality development, common prosperity, science and technology innovation empowerment, and cultural confidence, we should leverage the institutional advantages of spatial planning to build a future urban life landscape of water towns, canals, revolutionary context, innovative development, and harmonious coexistence of human settlement. Under the guidance of the overall control mode of the chief engineer, it not only creates a high level of ecological green, innovative development, and cultural inheritance in Jiaxing's urban and rural planning and planning strategy, but also reflects the action "temperature" of Jiaxing's people-oriented, urban-rural integration, and the renewal of living environment to seek governance for the people. In the century long transformation of a millennium old city, a cultural nation, and a revolutionary holy land, we are the first to embark on a new path of spatial planning and governance with Chinese characteristics, reflecting our historical commitment and practical action principles of not forgetting our original aspiration. This book mainly includes three major chapters: "Challenges of the Times", "Background Planning", and "Practice Butterfly Transformation", with a total of seven chapters:

Chapter 1, analyzes China's development requirements and spatial development pattern from the perspective of the modernization process of socialism with Chinese characteristics in the new era, laying the foundation for the planning of a new era of transformation.

Chapter 2, from three different scales of national strategy, regional cooperation, and geographical location, elaborates on the opportunities and challenges faced by spatial planning, especially in the Yangtze River Delta region, under the background of era transformation and governance change.

Chapter 3, from the specific perspective of Jiaxing, elaborates on the urban planning challenges faced by Jiaxing during the centenary of the founding of the Communist Party of China, as well as the exploration methods of Jiaxing's planning under the guidance of the overall control model of the chief engineer, forming a set of pioneering practices for institutional innovation.

Chapter 4, starting from the habitat, historical environment, and urban-rural background pattern, systematically, comprehensively, and comprehensively analyzes and judges the planning of Jiaxing using rigorous technical means. This work reflects the system innovation and progressiveness of the mode of chief teacher and chief control. In the stage of blueprint planning, we sort out the urban ecological environment and fully understand and understand the urban ecological system, including all water elements including seas, lakes, rivers, swings, and ponds; farmland systems such as fields and ponds; migratory bird migration, animal and plant diversity, and other ecological conditions characteristic of Jiaxing. On this basis, we systematically implement protection and development, consolidate a good ecological foundation for Jiaxing's cities, towns, villages and other human settlements, which represent the historical evolution of the city and the spatial pattern of urban and rural areas, and construct an urban development model in the period of ecological civilization.

Chapter 5, based on the comprehensive results of background analysis, proposes macro level strategic spatial pattern planning methods and micro level urban development goal guidelines and strategies. On the one hand, starting from strengthening the spatial pattern and enhancing the comprehensive carrying capacity of the region, the advantages of the Yangtze River Delta spatial pattern in Jiaxing's construction of a world-class integrated urban cluster were analyzed; A method for constructing a networked city county linkage, ecological water charm rural pattern, and adaptable urban space in Jiaxing has been proposed. We also focused on anchoring Jiaxing's long-term spatial governance goals of "nine rivers connecting the city center, and the skyline gradually rising from the center to the outside", as well as the precise layout of resource elements of "one center, two ancient cities, a hundred parks, and a thousand rivers". On the other hand, starting from focusing on improving quality and promoting overall urban renewal, we will build a resilient foundation for urban blue-green ecology, reshape the urban functional service system, build an efficient and low consumption development model, and highlight the architectural style and characteristics of Jiangnan. We have achieved guidance and planning for the overall urban layout and specific implementation under the guidance of planning.

Chapter 6, provides a detailed introduction to the specific practical case of the Chief Planner's overall control mode in Jiaxing. This includes the control transmission system of "one control plan, multiple planning guidelines", the general comprehensive control of "construction control guidelines", and the key coordination of "planning, construction, management, operation, and service". We have proposed specific development guidelines at the macro, meso, and micro levels, including the formulation of the "Nine Rivers" construction and control guidelines, shaping the spatial structure of the nine rivers connecting the city center, and controlling the dynamic space of Jiaxing Jiangnan water towns. We have developed guidelines for architectural style and implemented policies through zoning and classification to control the urban skyline style. We also prepare urban design guidelines and conduct detailed research on land parcels before land transfer as administrative guidance documents to implement public management requirements.

Chapter 7, elaborates on the "369" urban action plan proposed by the Chief Planner team in Jiaxing, as well as the systematic classification, core advantages, and organizational model of implementing the Chief Planner's overall control model. The strategy is classified and implemented to control the entire process. Macroscopically, we control the unique texture of Jiaxing as a water city as a whole, forming nine rivers and a core urban structure. In terms of urban form, we control the height of circle uplift, create a Jiangnan water charm comparable to Suzhou and Hangzhou, and form a "three, six and nine" urban development path. Taking "the embodiment of the party's purpose, the implementation of the national strategy, and the action of not forgetting the original intention" as the core, and the goal of "ecological civilization, urban-rural integration, industrial prosperity, cultural inheritance, regional overall planning, and people's happiness", we have constructed the work content of nine major sections to carry out new top-level design for future urban design and urban design work. In addition, we have also supported a series of detailed practical cases, focusing on elucidating systematic projects at the city level, district level, and group level. We have conducted practical analysis on the correlation between the high-quality presentation of these projects and the innovative mode of the chief planner's overall control system. Residents can vote with their feet and the practical results can tell the progressiveness of the mode of chief planner and chief control.

This book is a summary of the first half of China's urbanization practice in Jiaxing by the urban chief planner model, as well as an exploration of practical experience in new planning and management methods. This book explores the innovative ideas of the five in one approach of overall urban design and "planning, construction, management, operation, and service" under the new urbanization strategy by introducing the era background, theoretical innovation, practical steps, and specific practical experience at different regions and scales in Jiaxing. It provides reference methods and typical cases for planners, designers, planning managers, and government decision-making departments, provides theoretical and practical support for the innovative research of urban planning methods in the new era, and provides a set of replicable and highly effective planning models and measures for technical management and administrative management for the construction of other cities in China. At the same time, this book also avoids complex and obscure professional terminology as much as possible, enhances the readability of the content through documentary methods. It is hoped that it can introduce the development process of Chinese urban planning and innovative planning methods to the public, to benefit all readers who are concerned about the development of Jiaxing city and the planning of urban and rural areas in China.

Exploring the mode of chief planner model in Jiaxing, where is a revolutionary place for inheriting the spirit of the Red Boat, we look forward to summarizing and learning from the experience and lessons of China's urban development in the past 40 years of reform and opening up, and blazing a road of planning and governance with Chinese characteristics. We want to extract a set of management models covering organizational structure, institutional structure, technical structure and professional structure, so as to better promote the development of China's urban and rural planning and construction. This model meets the needs of the second half of China's urbanization for high-quality development, people-centered, and ecological civilization, and can achieve the planning and construction goals of "preserving the essence of the local area and cultural relics for future generations".

Shen Lei

目录

序一 / 仇保兴
序二 / 宋春华
序三 / 庄惟敏
前言 / 沈 磊

上篇　时代挑战

第一章　转型新时期的时代宏图   002
第一节　中国特色现代化发展   002
第二节　新时代国家发展要求   005
第三节　新时代我国的空间发展格局   009

第二章　治理变革背景下的机遇挑战   013
第一节　国家战略的发展转型   013
第二节　区域合作的必然趋势   015
第三节　地理区位的战略使命   017

第三章　先导新实践的创新探索   022
第一节　迎接建党百年的嘉兴挑战   022
第二节　总师总控模式下的嘉兴规划探索   024

Contents

Preface Ⅰ / Qiu Baoxing
Preface Ⅱ / Song Chunhua
Preface Ⅲ / Zhuang Weimin
Forword / Shen Lei

CHALLENGES OF THE TIMES

Chapter 1 The Grand Plan of the Era in the New Era of Transformation	**002**
Development of Modernization with Chinese Characteristics	002
National Development Requirements in the New Era	005
The Spatial Development Pattern of China in the New Era	009
Chapter 2 Opportunities and Challenges of New Governance Changes	**013**
Development and Transformation of National Strategy	013
The Inevitable Trend of Regional Cooperation	015
Strategic Mission of Geographical Location	017
Chapter 3 Innovative Exploration of Leading New Practices	**022**
Welcoming the Challenge of Jiaxing in the Centenary of the Founding of the CPC	022
Exploration of Jiaxing Planning under the Chief Planner and Overall Control Mode	024

中篇　本底规划

第四章　本底研判 030
第一节　生境本底研判 030
第二节　史境本底研判 034
第三节　城乡本底研判 037

第五章　规划引领 038
第一节　强化空间格局，提升区域综合承载 038
第二节　着力品质提升，促进城市整体更新 058

第六章　分类管控 069
第一节　"一控规多导则"管控传导体系 072
第二节　"建设管控导则"指引一般性综合管控 073
第三节　"规建管运服"五位一体重点统筹 077

下篇　实践蝶变

第七章　总师总控 080
第一节　"三六九"城市行动纲领 080
第二节　分类施策全过程把控 082
第三节　高质量总控实践案例 091

结语 260
参考文献 264

BACKGROUND PLANNING

Chapter 4   Background Analysis and Judgment — 030
Background Investigation of Habitat — 030
Background Study of Historical Context — 034
Urban and Rural Background Sorting — 037

Chapter 5   Planning Guidance — 038
Strengthening the Spatial Pattern and Enhancing Regional Comprehensive Carrying Capacity — 038
Focusing on Quality Improvement and Promoting Overall Urban Renewal — 058

Chapter 6   Classification Control — 069
"One Control Plan with Multiple Guidelines" Control Transmission System — 072
"Building Control Guidelines" Guidelines for General Comprehensive Control — 073
"Planning, Construction, Management, Operation and Service" Five in One Key Coordination — 077

PRACTICE BUTTERFLY TRANSFORMATION

Chapter 7   Chief Engineer and Chief Controller — 080
"369" Urban Action Plan — 080
Control of the Entire Process of Implementing Classified Policies — 082
High Quality General Control Practice Cases — 091

Conclusion — 260
Reference — 264

NINE WATERS CONVERGE INTO ONE HEART

Jiaxing Urban Planning and Construction Chief Planner Demonstration

Previous Article

CHALLENGES OF THE TIMES

上篇

时代挑战

第一章 转型新时期的时代宏图

Chapter 1　The Grand Plan of the Era in the New Era of Transformation

第一节　中国特色现代化发展

Development of Modernization with Chinese Characteristics

在中国特色社会主义伟大事业的征程中，完善新型城镇化战略，是实现高质量城镇发展和城乡融合的必然选择。这一战略的构建，立足于中国式现代化发展的深厚土壤，要求我们深刻理解和把握其理论内涵与核心特征。习近平总书记在党的二十大报告中指出，"从现在起，中国共产党的中心任务就是团结带领全国各族人民全面建成社会主义现代化强国、实现第二个百年奋斗目标，以中国式现代化全面推进中华民族伟大复兴"。党的二十大报告高瞻远瞩，首次全面系统地描绘了中国式现代化的壮丽图景，为我们的奋斗指明了方向。那么，以什么样的途径、方式、手段实现奋斗目标、完成使命任务呢？这就是中国式现代化。实现国家现代化，是中国共产党人矢志不移的奋斗目标，从全面建设小康社会到基本实现现代化，再到全面建成社会主义现代化强国，是新时代中国特色社会主义发展的战略安排。

中国式现代化的道路，是一条紧密结合中国国情的道路，是一条与西方发达经济体现代化路径截然不同的道路。党的二十大报告首次全面系统地对中国式现代化进行了远景式勾勒，系统阐述了中国式现代化五个方面的中国特色，深刻揭示了中国式现代化的科学内涵，彰显了中国特色社会主义的生机与活力，体现了我们党对现代化发展规律的深刻理解。

首先，中国式现代化是人口规模巨大的现代化。我国有14亿多人口，整体迈入现代化在人类历史上是空前的，这将付出巨大的努力，克服重重困难，同时也将对人类进步事业作出巨大贡献。其次，中国式现代化是全体人民共同富裕的现代化。共同富裕是中国特色社会主义的本质要求，我们既要努力创造社会财富，又要公平分配，自觉、主动地解决地区差距、城乡差距和收入差距问题，坚决防止两极分化，让全体人民共享现代化成果，既做大"蛋糕"，又分好"蛋糕"。第三，中国式现代化是物质文明和精神文明相协调的现代化。我们坚持社会主义核心价值观，加强理想信念教育，弘扬爱国主义、集体主义、英雄主义精神，传承中华优秀传统文化，努力实现物的全面丰富和人的全面发展。第四，中国式现代化是人与自然和谐共生的现代化。我们注重经济建设和生态文明建设的同步推进，走节约资源、保护环境、绿色低碳的新型发展道路，积极应对全球气候变化，努力实现碳达峰和碳中和，为全人类作出积极贡献，绝不走先污染后治理的老路。最后，中国式现代化是走和平发展道路的现代化。我们始终把和平共处、互利共赢作为处理国际关系的基本准则，坚持多边主义，反对霸权主义、单边主义，积极推动构建人类命运共同体。

中国式现代化的五个特征言简意赅、内涵丰富，为我国的现代化建设指明了方向。这五个特征不仅体现了中国特色社会主义的发展战略，而且与"富强、民主、文明、和谐、美丽"这五个前置词紧密相连，它们分别对应着建设"五大文明"——社会主义物质文明、政治文明、精神文明、社会文明、生态文明。这一宏伟蓝图，是中国共产党"为中国人民谋幸福、为中华民族谋复兴"的初心使命的体现，是社会主义建设规律的深刻体现，也是人类社会发展规律的深刻体现。它告诉我们，现代化不仅仅是经济的快速发展，更是政治、文化、社会、生态等各方面的全面发展；现代化不仅仅是国家的强盛，更是人民的幸福和社会的和谐。

城市高质量发展与中国式现代化的五个特色相辅相成、相互促进，中国式现代化顺利推进更离不开城市高质量发展的有力支撑。在这五大文明建设中，生态文明对于城乡规划领域具有尤为重要的启示和指导意义。生态文明的核心内涵和建设路径，不仅回应了中国特色现代化发展的需求，而且从另一个侧面推动了这一进程。

自党的十八大以来，生态文明建设被提升到更高的战略层面，纳入中国特色社会主义事业"五位一体"总体布局，并将"美丽中国"作为生态文明建设的宏伟目标。在这一指导下，推进经济社会发展的绿色转型日益受到重视，解决结构性、根源性问题，探索生态城市建设，成为生态文明建设和生态环境保护的重点任务。

党的二十大报告进一步明确了中国式现代化的内涵，强调"人口规模巨大的现代化""人与自然和谐共生的现代化""全体人民共同富裕的现代化"以及"物质文明和精神文明相协调的现代化""走和平发展道路的现代化"，为新时代生态文明建设的战略任务提供了明确的方向。推动绿色发展，促进人与自然和谐共生，成为新时代生态文明建设的总基调——这是在生态文明思想的指导下，立足我国全面建设社会主义现代化国家、向第二个百年奋斗目标进军的新发展阶段的战略选择。在新的发展阶段，我们必须牢固树立和践行"绿水青山就是金山银山"的理念，站在人与自然和谐共生的高度来谋划发展。推动城市建设的绿色化、低碳化是实现高质量发展的重要环节。这要求我们从产业结构调整、污染治理、生态保护、应对气候变化等多个维度，全面系统地开展生态文明建设战略思路和方法的探索。这些新观点、新要求、新方向和新部署，对于未来生态环境保护实践具有重大意义。它们不仅指导我们在城市建设中实现绿色转型，而且引导我们在全面建设社会主义现代化国家、实现第二个百年奋斗目标的过程中，走出一条生产发展、生活富裕、生态良好的文明发展道路。

在生态文明的引领下，人民群众对更高品质的人居环境的需求日益增长。随着人们对生态发展关注的不断演变（图1-1），保护清洁的水源、清新的空气、绿色的生态环境已经成为人们对理想城市的共同追求。此外，优质的生态环境等资源优势也能更好地发挥人才在未来发展中的引领作用，持续增强城市对人才的吸引力。面对新的挑战，新时期的城市建设必须立足于新的发展阶段，创新思维，将生态文明作为引领城市高质量永续发展的命脉和动力源泉。我们要贯彻新的发展理念，展示中国特色社会主义制度的优越性，聚焦于提升人居环境、城市活力、城市体验的满意度和获得感，构建新的发展格局。为回应新时代的要求，我们更需要系统性地规划城市全局，以顶层设计引领战略的落实和发展，塑造城市特色。这意味着在规划、建设和治理城市时，我们要坚持以人民为中心的发展思想，注重生态保护和可持续发展，同时也要考虑如何提高城市的居住和工作环境，增强城市的吸引力和竞争力。

同时，随着中国将碳达峰碳中和目标纳入生态文明建设的整体布局，我国提出了力争在2030年前实现碳达峰，2060年前实现碳中和的宏伟目标。"十四五"规划期间是实现碳达峰的关键期和窗口期。面对提升人居环境品质、优化人口结构、增强创新能力、提高交通流动性、促进均衡发展等挑战，我们必须立足于新的发展阶段，贯彻新的发展理念，构建新的发展格局。在这一过程中，我们需要妥善处理城市发展与减排、整体与局部、短期与中长期之间的关系。以经济社会发展全面绿色转型为引领，以能源绿色低碳发展为关键，加快形成节约资源和保护环境的产业结构、生产方式、生活方式、空间格局。我们要坚定不移地走生态优先、绿色低碳的高质量发展道路，坚持全面统筹，强化顶层设计，发挥制度创新的作用，根据各地实际情况分类施策，把发挥生态优势和价值放在首位，实行绿色生态发展战略，倡导绿色低碳生活方式。

在生态文明建设的背景下，城乡规划领域也在积极贡献自己的力量，不断为中国式现代化发展建言献策。在党的全面领导下，坚持中国特色社会主义道路，深化改革

图1-1 生态发展历程示意图

开放，以人民为中心，发扬斗争精神，城市的发展与壮大将与中国式现代化的步伐紧密相连。中国式现代化不仅切合中国实际，体现了社会主义建设规律，也体现了人类社会发展规律。它破解了人类社会发展的诸多难题，摒弃了西方以资本为中心、两极分化严重、物质主义膨胀、对外扩张掠夺的现代化老路，为发展中国家走向现代化提供了新的途径。从为人民的城市建设到为人类的社会制度探索，中国式现代化进程正在为世界源源不断地提供中国智慧和中国方案，展现了中国特色社会主义的巨大潜力和光明前景。

第二节　新时代国家发展要求

National Development Requirements in the New Era

立足于新时代国家发展要求，本节首先从宏观层面把控党和国家的方针政策以及对城乡规划建设与治理的要求；其次，具体阐述生态文明与绿色低碳发展对实现中国式现代化的内涵意义。在新时代的征程上，我国正处在实现中华民族伟大复兴的关键节点。改革开放的春风吹遍大地，国家发展硕果累累，我们站在新的历史起点上，正从追求速度和效率转向更加注重质量和整体性的发展模式。这一转变，是对国家发展与治理模式的深刻反思和全面提升，是在新的历史条件下对发展路径的精准把握和战略规划。城乡规划建设与治理，作为国家发展的重要领域，必须紧跟时代步伐，回应时代关切，解决城乡发展的主要矛盾。我们要着力解决城乡发展主要矛盾、深化改革国家空间治理体系、积极促进区域生态文明建设、创新推动国土空间高质量发展，统筹推进"五位一体"的总体布局。

城市是我国经济、政治、文化、社会等方面活动的中心，在党和国家工作全局中具有举足轻重的地位。根据马克思主义的观点，城市是人类活动的集中地，是人与人之间社会关系和自然属性的体现。城市的形成和发展是人类本质力量对象化的过程，是人类改造自然、创造社会关系的历史结果。马克思主义强调，城市的存在和发展是为了满足人民群众的联系和生存需要，因此城市的核心是市民，是人的活动和需求。在中国式现代化建设的进程中，城市的现代化是国家发展的重要方面。城镇化作为现代化的必由之路，不仅是经济发展的引擎，也是社会进步和文化繁荣的载体。自改革开放以来，中国的城镇化进程迅速推进，大量农村人口转移到城市，城市数量和规模不断扩大，这既是中国特色社会主义发展的成就，也是中国式现代化道路的具体体现。从1978年到2014年，我国城镇化率年均提高1个百分点，城镇常住人口由1.7亿人增加到7.5亿人，城市数量由193个增加到653个，城市建成区面积从1981年的7000平方公里增加到2014年的49000平方公里。从2000年到2014年，我国每年新增城镇人口数量达到2100万人，比欧洲一个中等国家的总人口数还要多。1949年，我国的城镇化率仅为10.64%；1978年，我国的城镇化率是17.92%；2020年，我国的城镇化率达到63.89%。随着城镇化率的不断提高，城市建设和治理显得尤为重要。城市的发展必须坚持以人民为中心的发展思想，不断提高市民的生活质量，保障市民的权益，促进人的全面发展和社会的全面进步。因此，在中国特色社会主义新时代，我们要继续推进城市现代化，加强城市建设和治理，使城市成为人民群众安居乐业的美好家园，为实现中华民族伟大复兴的中国梦提供有力支撑。

我国的城镇化也有自己的特殊历史条件和时代责任。西方发达国家大体走了一个"串联式"的发展过程，按工业化、城镇化、农业现代化、信息化顺序发展。我们要后来居上，把"失去的200年"找回来，决定了这必然是一个"并联式"的过程，工业化、信息化、城镇化、农业现代化叠加发展。《习近平关于城市工作论述摘编》中强调了城市规划的引领作用，要求控制城乡建设用地规模和城市开发强度，体现了对中国式现代化城市发展的深刻理解和重视。党的十八大以来，以习近平同志为核心的党中央确立实施了以人为本的新型城镇化战略，我国城镇化取得重大历史性成就，锚定新型城镇化的首要任务与重点任务。《中华人民共和国国民经济和社会发展第十四个五年规划和二〇三五年远景目标纲要》（以下简称《"十四五"规划纲要》）从加快农业转移人口市民化、完善城镇化空间布局、全面提升城市品质等三个方面，明确了完善新型城镇化战略、提升城镇化发展质量的方向路径、主要任务和政策举措，为今后五年推进新型城镇化指明了方向、提供了遵循。在中国式现代化的征程中，生产力的所有要素最终都要在空间上得到体现，而生产关系的所有要素则需要通过政策来调整和优化。城市规划工作作为这一进程中的重要环节，其核心任务是利用空间资源来支撑生产力的提升，同时作为政策工具促进生产关系与生产力的和谐适配，从而赋能经济社会的全面发展。

在全国宏观视野下的城乡规划与建设治理方面，新时代，中国式现代化发展要求我们要立足于本国现状国情，走适合自己发展的路，不能一味仿照过去的快速发展模式，要扎根到人民的需求。一方面，我们必须从社会主义初级阶段基本国情出发，遵循规律、因势利导，使城镇化成为一个顺势而为、水到渠成的发展过程。另一方面，在我们这样一个发展中大国实现城镇化，我们不能走"粗放扩张、人地失衡、举债度日、破坏环境"的老路，因为这不仅不能满足人民对美好生活的向往，也不符合可持续发展的要求。我们必须坚持以人民为中心的发展思想，坚持"人民城市人民建、人民城市为人民"的原则，推进以人为核心的新型城镇化，探索具有中国特色、体现时代特征、彰显社会主义制度优势的城市发展之路。

具体而言，要实现城乡规划与建设治理的高质量发展，我们需要在多个层面上统筹兼顾，以提高城市工作的全局性、系统性、持续性、宜居性和积极性。要统筹空间、规模、产业三大结构，提高城市工作全局性；统筹规划、建设、管理三大环节，提高城市工作的系统性；统筹改革、科技、文化三大动力，提高城市发展持续性；统筹生产、生活、生态三大布局，提高城市发展的宜居性；统筹政府、社会、市民三大主体，提高各方推动城市发展的积极性，进而推动城乡融合发展、完善城市全生命周期管理。

把目光从整体的宏观战略聚焦到生态

文明发展，在新时代的背景下，我国的国家发展要求国土空间全域、全要素的冲突管控，以底线思维和人本主义为基础，为国家高质量发展和新型城镇化建设贡献绿色力量。特别地，《"十四五"规划纲要》在全面提升城市品质方面，强调了城市是人民的城市、人民城市为人民，这是做好城市工作的根本出发点和落脚点。随着城市成为人口和经济的重要载体，城市居民对优美环境、健康生活、文体休闲等方面的需求日益提高。因此，"十四五"时期，加快转变城市发展方式，统筹城市规划建设管理，实施城市更新行动，推动城市空间结构优化和品质提升成为关键。《"十四五"规划纲要》中特别提到了转变城市发展方式，按照资源环境承载能力合理确定城市规模和空间结构，统筹安排城市建设、产业发展、生态涵养、基础设施和公共服务。低碳发展的新型城市建设也是新时代城市发展的重要任务，《"十四五"规划纲要》还提到推进生态修复和功能完善工程，建设低碳城市。此外，国家还特别强调了改革完善城市管理体制，不断提升城市治理的科学化、精细化、智能化水平，推进市域社会治理现代化。这表明，在中国新时代的发展道路上，在绿色、生态、低碳的城乡规划、建设、治理方面，国家对我们提出了极大的要求与期许。因此，对城市空间的合理规划安排、实施建设与全生命周期治理具有重要意义，大有可为也必有作为。我们有理由相信，通过科学规划、精心建设、精细治理，我们能够为实现城市的高质量发展、构建美丽中国、推动生态文明建设作出重要贡献。

在过去的40余年中，中国的城镇化进程经历了从"增量扩张"向"存量优化"的转变。这一转变意味着我们从过去注重数量规模的快速化建设，转向了重视生态文明建设及城市空间品质与特色内涵的提升。这一转变强调的是从经济、文化、社会、生态等多方面推进城市的高质量发展，构建自然与人工互鉴互融的美丽中国城市。随着中国飞速跨入高铁时代，城市与区域发展的阶段、理念、主体和动力等都发生了深刻的变化。城市间的联系更加紧密，形成了生命共同体和利益共同体。这要求我们通过抱团发展，携手共进，实现城市竞争力的全面提升和发展共赢。同时，城市在演化过程中，需要适应更高层次的发展和竞争环境，突出自身的地域特色差异化发展。"十四五"时期是我国在全面建成小康社会、实现第一个百年奋斗目标之后，乘势而上开启全面建设社会主义现代化国家新征程、向第二个百年奋斗目标进军的第一个五年。这标志着我国城市发展面临更高品质的人居环境、更有活力的人才结构、更强大的创新能力等新的挑战。城市建设需要树立长远眼光，贯彻尊重自然、顺应自然、保护自然的理念，坚持生态优先、绿色发展，将生态优势转化为经济社会发展优势。这意味着在规划与建设城市时，我们要充分考虑生态环境的保护和恢复，推动形成节约资源和保护环境的空间格局、产业结构、生产方式和生活方式。

在新时代的背景下，谋划特色发展框架、优化国土空间布局是贯彻习近平生态文明思想的具体实践，也是提升治理体系和治理能力现代化水平的重要途径。这一过程涉及底线底盘管控、空间格局部署和要素配置落实。依据不同区域的要素禀赋差异，我们需要界定区域底线底盘，以此约束和引导空间格局的部署。通过更高视野的谋划，形成适宜的空间格局，引导要素的优化配置、促进区域要素的联动互动。

城市资源配置的差异是展现城市特色、引领空间优化、实现发展愿景的核心内容。城市空间结构的彰显、推动形成人与自然和谐共生的现代化建设新格局，是空间战略谋划的重点，也是引导空间形态呈现和风貌特色展示的骨架脉络。城市格局中蕴含的自然特色和文化脉络具有极高的空间价值，是城市特色存在的基础，对于城市的可持续发展和提高城市竞争力起着重要作用。因此，实现空间价值的关键在于优化国土空间布局，这需要以空间格局为指引，引导要素的合理配置，核心关注空间资源的合理保护和有效利用。这包括空间资源保护（如土地、海洋、生态等）、空间要素统筹、空间结构优化和空间效率提升等方面。同时，在区域层面，空间价值的实现还需要以多要素的系统性与耦合性为前提。我们需要开展山水林田湖草系统治理和整体统筹，和谐描绘城乡与自然基底的关系，延续历史文脉，加强风貌管控。这样的规划不仅有助于推动形成人与自然和谐共生的特色格局，还能促进空间特色要素与其他要素之间、全要素与整体之间的空间组合关系和相互作用，实现综合协调和共同优化发展，提升生态环境质量和资源利用效率，以达成构建高质量空间特色格局的本质要求。合理的特色要素配置成为主导城市空间布局的最重要依据，应突出多元要素组织的系统性、特色性与价值性。我们还需关注以特色自然要素塑造城市空间格局，这对于体现地方特色和发展脉络，形成独特的空间和风貌，引领空间高质量转型发展起着关键作用。

当前中国城市建设受困于诸多问题，正如党的十九大报告所指出的，当前我国社会主要矛盾是"人民日益增长的美好生活需要和不平衡不充分的发展之间的矛盾"。尽管我国社会生产力水平总体上显著提高，社会生产能力在很多方面进入世界前列，但是城乡发展不平衡不充分的问题依然存在，这表现在发展质量和效益、创新能力、经济水平、生态环境保护、城乡区域发展差距等多个方面。中国特色社会主义进入新时代，城乡规划治理中的"不平衡不充分"主要体现在区域空间发展不平衡、新型城镇化的保障制度不充分、城乡要素流动不充分、城镇主体功能发挥不充分、空间供给不充分等方面。为了解决这些问题，我们需要创新建立整体的、系统的城乡规划治理体系，从顶层设计角度确定空间治理的目标。这些目标包括构建安全且具有韧性的生态格局、有竞争力且协调的城镇格局、可持续且有魅力的文化格局，以及形成幸福且包容共享的人居环境。在生态、土地、人口等供给的约束下，以促进人与自然和谐共生为目标开展规划治理改革，是时代发展的必然要求。因此，构建以整体性治理为理念、以底线思维为导向的空间规划治理模式，对促进区域生态文明建设具有重要意义。这意味着我们需要在规划治理中综合考虑生态、社会、经济等多方面因素，确保城市发展的可持续性和宜居性，同时也要注重城乡之间的均衡发展，缩小区域差距，实现社会公平和环境友好。通过这样的规划治理体系，我们可以更好地满足人民对美好生活的需求，推动城乡规划治理向更加高质量、更加均衡、更加可持续的方向发展，为实现中华民族伟大复兴的中国梦提供坚实的城乡规划和建设治理保障。

第三节　新时代我国的空间发展格局

The Spatial Development Pattern of China in the New Era

新时代中国的空间发展格局，正以区域协调发展为核心，优化发展机制，实施区域发展战略，加速构建国土空间开发保护新格局。这一格局不仅体现了国家发展战略和发展方式的空间布局，更是美丽中国和生态文明建设的坚实载体。它关系到国家的经济发展、民众的生活福祉、生态环境的健康以及国家的整体安全，因此，优化国土空间发展格局成为新时代党和国家空间治理的重中之重。

在新时代的征程上，我国正展现出一个全面和高质量发展的战略空间格局，以"两横三纵"的布局为导向，推动城市群建设，旨在加快打造世界级增长核心，从而推进城镇化建设的高质量发展。这一空间格局不仅服务于经济产业的升级转型，更在环境保护与生态绿色发展中发挥着至关重要的作用。这正是中国式现代化的核心所在，体现了我们对可持续发展的深刻理解和坚定承诺。从宏观政策的角度来看，《"十四五"规划纲要》对完善我国新时代的城镇化空间发展格局提出了明确的要求。这一要求体现了对产业发展和人口分布规律的深刻理解，以及对中心城市和城市群在经济发展中作用的重视。产业和人口向中心城市和城市群集中，这是全球经济发展的客观规律和长期趋势。中心城市和城市群作为区域经济的引擎，其引领作用日益凸显，对于促进区域经济发展、提高整体竞争力具有重要意义。

"十四五"时期，我国要发展壮大城市群和都市圈，这是优化城镇化空间格局的重要举措。通过分类引导大中小城市发展方向和建设重点，可以形成疏密有致、分工协作、功能完善的城镇化空间格局。这有助于实现城市之间的协调发展，提高城市整体功能和竞争力。特别是县城作为城乡融合发展的关键纽带，具有巨大的发展潜力。县城不仅能够满足人民群众的就业和安家需求，还能促进城乡要素流动，缩小城乡差距，推动城乡融合发展。因此，在"十四五"时期，我们要充分发挥中心城市和城市群的引领作用，推动大中小城市形成科学的功能定位和协调的空间布局，发展壮大城市群和都市圈，实现城镇化空间格局的优化，为实现高质量发展和全面建设社会主义现代化国家提供坚实的空间支撑。

为了推动我国新时代的城镇化空间发展格局，以下几点政策措施至关重要：

第一，推动城市群一体化发展。根据不同城市群的发展现状和潜力，分类推进城市群发展，打造高质量发展的动力源和增长极，全面形成"两横三纵"城镇化战略格局。建立健全跨省区城市群有关地方政府多层次、常态化的协调管理机制，引导城市群完善成本共担和利益共享机制，促进基础设施互联互通、公共服务共建共享、生态环境共保共治、产业与科技创新协作，保留城市间生态安全距离，形成多中心、多层级、多节点的网络型城市群结构。

第二，建设现代化都市圈。都市圈作为城市群内部以超大特大城市或辐射带动功能强的大城市为中心、以1小时通勤圈为基本范围的城镇化空间形态。要推动中心城市与周边城市（镇）同城化发展，以轨道交通建设为先导，以创新体制机制为抓手，稳妥有序发展市域（郊）铁路和城际铁路，构建高效通勤的多层次轨道交通网络，促进产业梯次分布和链式配套，统筹优化公共服务功能布局。还要支持有条件的都市圈设立规划委员会，实现规划统一编制、统一实施，探索推进土地、人口等统一管理。

第三，优化提升超大特大城市中心城区功能。推动超大特大城市内涵式发展，按照"减量提质、瘦身健体"的要求，科学规划城市生产、生活、生态空间，有序疏解与城市发展方向不适应、比较优势较弱的产业及功能设施，引导过度集中的公共资源向外转移，合理降低中心城区开发强度和人口密度。同时努力营造高标准国际化营商环境，增强高端服务功能，提升城市现代化治理水平和城市核心竞争力。

第四，完善大中城市宜居宜业功能。充分利用综合成本相对较低的优势，主动承接超大特大城市产业转移和功能疏解，夯实实体经济发展基础。立足特色资源和产业基础，确立制造业差异化定位，推动制造业规模化集群化发展，因地制宜建设先进制造业基地、商贸物流中心和区域专业服务中心。优化市政公用设施布局和功能，支持三级医院和高等院校在大中城市布局，增加文化体育资源供给，营造现代时尚的消费场景，提升城市生活品质。

第五，是推进以县城为重要载体的城镇化建设。县城作为城镇体系的重要一环，是城乡融合发展的关键纽带。推进县城及县级市公共服务、环境卫生、市政公用、产业配套等设施提级扩能，加快补齐公共卫生防控救治、垃圾无害化资源化处理、污水收集处理、排水管网建设、老旧小区改造等领域的短板弱项，增强综合承载能力和治理能力，引导劳动密集型产业、县域特色经济及农村二三产业在县城集聚发展，补强城镇体系重要环节。同时，按照区位禀赋和发展基础的差异，分类促进小城镇健康发展。这些措施旨在推动城市群空间格局一体化发展，构建一个科学合理、高效有序的城镇化空间发展格局，促进区域协调发展，提升城市综合竞争力，为实现高质量发展和全面建设社会主义现代化国家提供坚实的空间支撑。

在《"十四五"规划纲要》的指引下，城市空间格局的发展聚焦于城市群集群发展的重要趋势，这一趋势反映了我国新型城镇化的战略方向。中国排名最靠前的三大城市群——长三角城市群、珠三角城市群和京津冀城市群，约占中国GDP的40%，它们是代表中国参与全球竞争的主体力量。其中，长三角城市群是最具全球影响力的科创高地，同时位于中国沿海经济发展带与长江经济带的核心区位。瞄准国际先进科创能力和产业体系，长三角地区将提高配置全球资源和辐射全国发展的能力。可见，长三角城市群作为我国经济发展最活跃、开放程度最高、创新能力最强的区域之一，在国家现代化建设大局和全方位开放格局中占据着举足轻重的战略地位。

自党的十八大提出"构建科学合理的城市化格局、农业发展格局、生态安全格局"以来，我国持续优化国土空间发展格局，努力建设人与自然和谐共生的现代化。在区域发展层面，经济集聚与区域发展空间格局紧密相连，需要核心着力点来进行区域尺度的空间整合布局；在文化发展与产业创新层面，区域经济发展与市场效应的相互作用加深了其聚集性，先进制造业和现代服务业的深度融合，推动了长江中下游地区产业集群的发展。

在这一背景下，长三角一体化的趋势加速形成，嘉兴作为其核心枢纽城市，其在区域空间发展格局中的优势作用日益凸显。嘉兴不仅是地理上的要冲，更是经济、文化、生态等多方面发展的交汇点，其在推动区域一体化、引领高质量发展方面的作用不容小觑。过去20余年间，嘉兴的经济实力如同破土而出的春笋，节节攀高，地区生产总值上升至7062.45亿元，人均生产总值也跃升至12.68万元。这一飞跃不仅标志着嘉兴在长三角地区的经济地位日益显赫，更是嘉兴经济发展与转型的标志性成果。嘉兴积极投身于长三角区域一体化的建设浪潮中，成为浙江接轨上海的桥头堡。作为长三角地区的核心枢纽城市，嘉兴凭借其独特的地理位置和重要的历史地位，将在区域发展中发挥不可替代的作用。嘉兴不仅是长三角一体化发展的重要节点，也是连接上海、杭州两大都市圈的桥梁，具有承东启西、连南接北的独特地理优势。凭借日益完善的基础设施和交通领域的迅猛发展，嘉兴与周边城市的互联互通功能得到了显著加强。通过打造高能级铁路枢纽和推进一系列重大交通项目，嘉兴正全力构建连接长三角主要城市的"半小时高铁圈"，从而巩固和提升其作为区域交通枢纽的领先地位。

依托于坚实的经济与基础设施，嘉兴也在不懈追求国际品质的现代化城市梦想，吸引大量科创人才，大力推动科技创新，成功吸引了众多国家高新技术企业落户，荣获"'科创中国'创新枢纽城市"的称号。而在生态保护和可持续发展方面，嘉兴同样成绩斐然，城市水质和空气质量持续优化，固废处置项目全面建成，展现了城市绿色发展的坚定决心。在新时代中国的空间发展格局中，嘉兴占据了举足轻重的地位。它不仅是区域经济发展的强大引擎，也是科技创新和区域一体化发展的积极参与者。随着未来的持续发展，嘉兴必将在长三角一体化乃至全国的发展大潮中，扮演更加关键的角色，发挥更加重要的作用。

总体来看，新时代的我国空间发展格局，既要求我们从宏观层面把控城市群、都市圈的区域一体化发展，也要求我们着眼于重点枢纽城市，以形成"节点带动系统"的联动发展。这一格局的构建，旨在实现区域内的资源共享、市场互通、公共服务均等，从而推动区域经济的协同发展。在这一过程中，重点枢纽城市将发挥关键作用，它们不仅是区域发展的引擎，也是连接不同城市群、都市圈的桥梁。因此，我们需要对重点枢纽城市进行精准定位，发挥其在区域一体化发展中的引领作用。这包括优化城市空间布局、提升城市功能、推动产业升级、加强环境保护等多方面工作，推动形成高效、协调、可持续的空间发展格局，为新型城镇化与高质量发展提供坚实的空间支撑。

在改革开放以来取得的重大成就的基础上，于在实现中华民族伟大复兴的关键时期，我国的发展与治理模式正在经历从高速度、效率型向高质量、整体型的转变。这一转变体现在国家层面的全面新型城镇化战略导向，以及区域层面的城市群发展重点与先行示范。在规划、建设的过程中，我们始终坚持"在发展中保护、在保护中发展"的原则，在后续的建设与治理层面，也要将生态、绿色与低碳发展作为贯穿全局的线索。在新时代的发展背景下，我国着力解决城乡发展主要矛盾，深化改革国家空间治理体系，积极促进区域生态文明建设，创新推动国土空间高质量发展，统筹推进"五位一体"的总体布局。这包括经济建设、政治建设、文化建设、社会建设、生态文明建设。在此基础上，我们还要着力推动形成人与自然和谐共生的特色格局。构建高质量空间特色格局的本质，是促进空间特色要素与其他要素之间、全要素与整体之间的空间组合关系和相互作用，实现综合协调和共同优化发展，提升生态环境质量和资源利用效率，实现空间价值。因此，推动合理的特色要素配置就将成为主导城市空间布局的最重要依据，这有助于突出多元要素组织的系统性、特色性与价值性。特色自然要素在塑造城市空间格局方面同样起着关键作用，其有助于体现地方特色和发展脉络，形成独特的空间和风貌，引领空间高质量转型发展，提升城市价值。在新时代的背景下，城乡规划与建设治理应坚持以人民为中心的发展思想，贯彻生态文明理念，推动形成人与自然和谐共生的特色格局，为实现中华民族伟大复兴的中国梦提供坚实的城乡规划和建设治理保障。

第二章
Chapter 2

治理变革背景下的机遇挑战

Opportunities and Challenges of New Governance Changes

第一节　国家战略的发展转型

Development and Transformation of National Strategy

在当今社会经济活动的频繁互动下，城市脉搏跳动得愈发强劲。随着经济的蓬勃发展和科技的飞速进步，城市间的互动与合作日益紧密，交通和通信网络的织就，让距离不再是障碍，而是连接的桥梁。在这样的时代背景下，城市群、大都市区的崛起成为一种必然，它们不仅是生产力解放和生产要素集聚的象征，更是区域界限消融后新型空间组织形式的体现。在全球化和信息化的浪潮中，城市群、大都市区以其高效的网络化结构、庞大的人口和资源集聚以及城市活动和要素流动的协调组织，成为各个国家主动争取的发展目标和参与全球竞争的筹码。

在"十四五"规划的宏伟蓝图上，城市群的发展脉络如同国家的脉搏，强劲而有序，它们是推动全面城镇化战略的主动脉，构建起了"两横三纵"的壮阔格局（图2-1）。通过分类推进城市群建设，打造高质量发展的动力源和增长极，中国正深入实施京津冀协同发展、长三角一体化发展、粤港澳大湾区建设等区域重大战略，加快步伐，向着世界一流城市群的目标迈进。在这场历史性的征程中，中国正站在新的起点上，经济发展和新型城镇化的列车驶入了"十四五"及2035年的新轨道。城市群的发展，不仅是国家战略的核心议题，更关乎每一个中国人生活品质的提升。以京津冀、长三角、粤港澳大湾区三大城市群建设为引领，我们正在探索一种新型的区域协调发展机制，这种机制如同一把金钥匙，能够解锁统筹有力、竞争有序、绿色协调、共享共赢的未来之生活图景。在这幅蓝图中，每一个

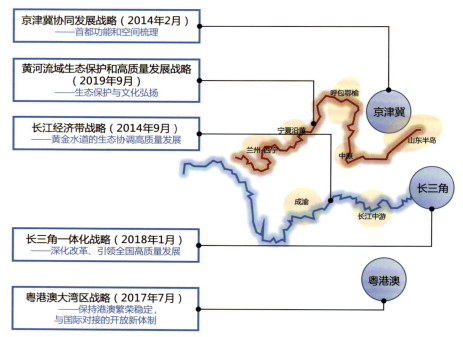

图 2-1 "三个城市群 + 两条发展带"的国家战略格局示意图

城市群都是一颗璀璨的明珠，它们的协调发展，将为中国高质量发展的明天注入源源不断的活力，也将照亮我们共同的未来。

2018 年 11 月 5 日，习近平总书记在首届中国国际进口博览会上宣布，支持长江三角洲区域一体化发展并上升为国家战略，着力落实新发展理念，构建现代化经济体系，推进更高起点的深化改革和更高层次的对外开放。这一战略的提出，标志着我国在新时代的发展征程中又迈出了坚实的一步。6 个月后，在 2019 年 5 月 13 日，一份具有深远意义的文件——《长江三角洲区域一体化发展规划纲要》在中共中央政治局会议上审议通过。这份纲要明确指出，长三角一体化发展不仅是区域性的，更是具有全国性的示范和带动作用。《长江三角洲区域一体化发展规划纲要》强调，要紧紧抓住"一体化"和"高质量"这两个核心要素，加快打造一个具有强大影响力和辐射力的活跃增长极，以此推动长江经济带与整个华东地区的全面发展，形成一批高质量发展的区域集群。

长三角区域一体化发展，覆盖了上海、江苏、浙江、安徽三省一市，总面积达到 35.9 万平方千米。截至 2021 年，这里常住人口 2.3 亿人，地区生产总值高达 27.6 万亿元，占全国生产总值的 24.1%。在科技创新方面，长三角地区同样表现抢眼。根据 2021 年的数据，长三角地区获得国家科学技术奖 137 项，全国占比超过一半；获得发明专利 18.2 万件，全国占比约 26%；国家重点实验室数量 104 家，全国占比约 20%。长三角地区目前已形成集成电路、生物医药、新能源汽车、人工智能四大主导产业：集成电路产业规模占全国的 58.3%，生物医药和人工智能产业规模均约占全国的 33.3%。此外，长三角自由贸易试验区的货物进出口总额占全国的 46.2%。长三角地区作为我国经济发展最活跃、开放程度最高、创新能力最强的区域之一，在全国经济格局中占据着举足轻重的地位。它是新时期中国参与全球化竞争、打造全新增长极的重要战略锚点。长三角地区高质量一体化发展的创新成果和先进经验，无疑将对全国其他地区产生深远的影响，发挥出示范引领的巨大作用。

第二节　区域合作的必然趋势

The Inevitable Trend of Regional Cooperation

在 2019 年的《长江三角洲区域一体化发展规划纲要》中，一幅宏伟的都市圈联动发展画卷已然展开，明确了"推动上海与近沪区域及苏锡常都市圈联动发展"，串联起区域经济的活力与潜力。中国政府也以远见卓识，擘画出 2035 年"我国现代化都市圈格局更加成熟，形成若干具有全球影响力的都市圈"的成熟景象。这些具有全球影响力的都市圈将成为中国经济的崭新引擎。在"双循环"新发展格局的战略指引下，都市圈作为产业链与供应链的基本组织单元，其作用不言而喻。它们是各类要素紧密关联的适宜空间尺度，是引领国家经济新格局的先锋力量。上海大都市圈坐落在长三角的核心地带，它不仅是一个传统意义的通勤圈，更是一个拥有行政完整性的多中心城市区域，涵盖了上海、苏州、无锡、常州、南通、宁波、嘉兴、舟山、湖州等 8 座城市，它们携手并进，共同促进区域协同发展。而杭州都市圈，位于长江三角洲经济圈的南翼，跨越浙江与安徽两省，以杭州为中心，联结湖州、嘉兴、绍兴、衢州、黄山 5 市，被誉为长三角的"金南翼"，正努力发挥着推动世界第六大城市群的强大动力。上海大都市圈与杭州都市圈的建设，不仅成为促进长三角区域城市间分工协作的典范，更成为其参与国内外双循环、全球竞争的基本单元和重要载体。都市圈的形成是城市发展趋势的必然导向，更是国家责任与区域使命的体现。它们对于推进长三角更高质量一体化发展具有重要意义，不仅为区域合作开辟了新的路径，更为中国的未来都市发展树立了新的标杆。在这场历史性的都市圈建设浪潮中，长三角地区正以开放的姿态、创新的举措，书写着区域协同发展的新篇章。

在长三角一体化建设的宏伟蓝图中，上海与杭州两大都市圈的协同发展是关键之笔，它们如同一对闪耀的双子星，照亮了区域合作的未来。环太湖、杭州湾两大战略空间是聚焦重点，承载着长三角发展的新梦想。《上海大都市圈空间协同规划》（以下简称《协同规划》）富有远见地提出了一个共建共享的全球城市区域愿景。它倡导构建紧凑开放的空间格局，共同塑造全球领先的创新共同体，打造知识集群和高端制造集群，让这片土地成为全球经济活力和创新影响力的源泉。《协同规划》还致力于打造高效便捷的交通网络，构筑世界级的枢纽体系和轨道上的都市圈，确保各类要素在这里自由流动，激发出无限活力。环境保护与文化传承并重，《协同规划》强调共同保护水乡特色的生态环境，探讨区域性的生态保护和协作机制，旨在打造一片水净天蓝的生态绿洲。同时，《协同规划》还倡导传承与彰显江南文化，共享高品质服务，让居民在这里享有诗意的栖居。

在《协同规划》指导的长三角地区整体的人居环境下，不同区域都有其独特的定位和目标。环太湖区域以其独特的自然风光和文化底蕴，以共建世界级的魅力湖区为目标，重点聚焦于文化与旅游资源保护，共同治理太湖水质污染，携手打造文化旅游线路和环湖风景绿道。每一项举措都旨在保护这片湖泊的清澈，让太湖的碧波荡漾见证长三角绿色发展的生动成效。淀山湖战略协同区则以其独特的江南韵味和水乡特色，立志成为世界湖区的人居典范。在这里，生态绿色的城市发展模式被突出强调，旨在树立一个现代水乡的居住标杆，让居民在和谐的自然环境中享受生活的诗意。杭州湾战略协同区，以世界级生态智慧湾区为建设目标，正积极培育自主创新的智能制造集群，同时强化近海生态环境修复，致力于打造蓝绿交融的魅力海湾。这里将成为创新与生态并重的典范，展现出长三角区域发展的新活力。长江口战略协同区，以共建世界级绿色江滩为目标，注重保护长江流域的生态环境，强化沿江港口的协同与产业的管控，确保绿色发展理念的贯彻实施。沿海战略协同区则致力于建设世界级的蓝色海湾，共同保护蓝色生态屏障，建设高效快速的沿海交通网络，培育具有内生动力的海洋产业，塑造富有人文魅力的海洋家园。无论是共建世界级魅力湖区、塑造蓝绿交融的魅力海湾，还是打造世界级绿色江滩、蓝色海湾，都体现了对生态环境的尊重和对可持续发展的承诺。沿海地区的蓝色生态屏障，更是对海洋家园的美好期许。此外，嘉兴作为《协同规划》中的专业性全球城市，将建设成为长三角核心区的枢纽型中心城市。它将成为面向未来的创新活力新城、国际化品质的江南水乡文化名城以及开放协同的高质量发展示范地。嘉兴的发展将重点强化科技创新功能，发挥区位优势，成为长三角的会客厅，引入创新源，打造国际性的科创平台，成为浙江接轨上海的桥头堡。在沪宁、G60、沪湖、杭甬4条区域创新廊道以及宁杭、沿江沿海、通苏嘉甬3条特色功能廊道的培育下，嘉兴将与上海、苏州、宁波等城市协同发展，共同打造淀山湖战略协同区和杭州湾战略协同区，为长三角的一体化发展注入新的动力。这幅规划图，不仅是一幅经济发展的画卷，更是一幅生态宜居、文化繁荣、创新驱动的美好未来图景。

在《杭州都市圈发展规划》的宏伟蓝图中，一个清晰的网络空间格局已然绘就——"一脉三区、一主五副、一环六带"，犹如一幅精妙绝伦的织锦，将区域发展的脉络紧密相连。嘉兴，这座充满活力的城市，被赋予了"一脉三区"中东部（沿湾）产业集聚功能区的重任，它如同杭州都市圈的强劲动脉，汇聚着产业发展的澎湃动力。在

"一主五副"的城市布局中，嘉兴作为副中心城市，承载着红船精神的传承、科技创新的引领和区域均衡发展的使命。集成电路、智能终端、新能源、新材料等领域，成为嘉兴产业升级的重点，这座城市正以坚定的步伐，向着长三角核心区枢纽型中心城市、国际化品质的江南水乡文化名城、面向未来的创新活力新城迈进，成为活力开放、高质量发展的示范地。在"一环六带"的发展框架下，杭州都市圈环线高速公路如同一条金色的丝带，将桐乡、海宁等城市串联起来，推动同城化发展的新浪潮。沪杭、杭甬通道的依托，也为杭嘉绍发展带注入了新的活力，为湾北新区的培育加快了步伐，这一切都在为杭州都市圈的繁荣发展添砖加瓦。嘉兴正以开放的心态、创新的举措，书写着区域协同发展的新篇章，成为沪、杭都市圈中不可或缺的重要一员。

第三节　地理区位的战略使命

Strategic Mission of Geographical Location

一、多中心的网络发展，提升区域整体城市能级

在长三角地区，轨道枢纽与城市空间的紧密结合，如同生命体的血管与神经，是实现网络直连直通的重要基础，也是提升轨道出行直达性的关键。国际大都市如伦敦、法兰克福的发展经验告诉我们，铁路枢纽与城市主要功能区、活动区的紧密耦合，不仅有效支撑了区域空间的融合和城市的发展，还创造了更加便捷的城际出行体验。《长江三角洲区域一体化发展规划纲要》中提出的共建轨道上的长三角，正是指向加速构建一个集高速、普速、城际、市域（郊）、城市轨道交通于一体的现代轨道交通运输体系，以此构建高品质的快速轨道交通网。这一网络的目标是都市圈同城化通勤，通过加快推进城际铁路网建设，推动市域铁路向周边中小城市延伸，实现公交化客运，进而推动更高水平的协同开放。

长三角地区，作为中国铁路网络最密集的地区，随着高铁的互联互通，已经形成一个"对外以上海、南京、杭州、合肥、宁波为枢纽节点，以三纵三横干线通道为主骨架，面向北、西、西南3个方向的放射状铁路网络，形成长三角与相邻城市群及省会城市3小时区际交通圈"。这一基础设施的

互联，不仅促进了区域互通和要素流动，还发挥了上海龙头带动、苏浙皖各扬所长的复合作用，共同助力全球竞争。干线铁路的强化，使得城市群与城市群的协同合作更加紧密，标志着长三角区域从单中心集聚走向多中心网络化，构建起优势互补、互利共赢的区域发展利益共同体，分层级、分主次构建轨道上的长三角一体化。

国际经验如英国伦敦—利物浦城市群、日本太平洋沿岸城市群等，都展示了"多层次、多中心、多节点"的功能体系，城市节点之间优势分工、紧密协作，形成对内紧密一体、对外衔接全球的全球城市区域，凸显超越个体的强大竞争力。而区域功能体系的不断完善，正是走向全球城市区域的重要标志。嘉兴，位于上海半小时高铁圈辐射范围内，有条件以构建"沪嘉杭"一体化为目标，建设长三角核心区枢纽型中心城市，打造长三角城市群的重要中心城市，着力塑造引领未来的新增长极。这不仅是对嘉兴城市定位的清晰规划，也是对长三角一体化发展战略的深刻践行。

二、依托综合发展廊道，打造区域创新转化枢纽

沿着 G60 高速的轨迹，上海松江区在 2016 年率先提出了构建产城融合的科创走廊构想，这一举措极大地推动了上海、嘉兴、杭州、金华等地区高新技术企业的转型升级。2017 年，浙江省人民政府批准嘉兴市设立浙江省全面接轨上海示范区，标志着嘉兴主动融入上海，开启了区域协同发展的新篇章。同年，上海市松江区与杭州、嘉兴签订了《沪嘉杭 G60 科创走廊建设战略合作协议》，共同致力于沪嘉杭 G60 科创走廊的建设。2018 年 6 月，G60 科创走廊第一次联席会议召开，上海市松江区、嘉兴、杭州、苏州、湖州、宣城、芜湖、合肥、金华九个市（区）共同发布了《G60 科创走廊松江宣言》，确立了"一廊一核多城"的新布局。2019 年，G60 科创走廊被纳入《长三角区域一体化发展规划纲要》，上升为国家战略的重要组成部分。至 2021 年，G60 科创走廊更进一步被纳入国家"十四五"规划，从国家战略转化为国家方案、国家行动。

《虹桥国际开放枢纽建设总体方案》"一核两带"发展格局中提出的南向拓展带，将虹桥—闵行—松江—金山—平湖—南湖—海盐—海宁串联起来，重点打造具有文化特色和旅游功能的国际商务区、数字贸易创新发展区、江海河空铁联运新平台。这一举措旨在共建跨区域轨道交通网，

加强虹桥国际开放枢纽与苏浙周边站点的协同发展，实现双向互动、交通一体、平台提级，为城市协作、产业分工的快速融入以及提升定位、强化节点地区提供了有力支撑。

借助G60科创走廊与虹桥国际开放枢纽南向拓展带的双重国家战略机遇，以及沪杭、沪宁、通苏嘉甬三大区域级产业发展廊道，嘉兴在科技创新和产业发展层面搭建了良性的区域竞合关系。利用区域知识创新、研发创新和转化创新的巨大潜力，嘉兴将能够最大化挖掘创新性经济增长优势，利用高铁的带动效应和良好的城市配套环境，促进沪杭技术转移与浙企总部集聚，形成技术与人才前端和企业后端的闭环。作为虹桥国际开放枢纽的重要组成部分，嘉兴还加强了与虹桥国际开放枢纽的协同发展，全面接轨沪杭，强化科技创新、产城融合和功能互补，推动自身进一步成为长三角区域科技创新与成果转化枢纽。这一系列战略布局和举措，不仅体现了嘉兴在长三角一体化中的重要地位，也展现了其在国家发展大局中的重要作用。

三、生态安全重要腹地，发挥示范区的带动作用

长三角地区水网密布、河湖纵横，拥有良好的生态本底条件。作为"两山"理论的诞生地，长三角地区应坚持生态优先、绿色发展的新理念，探索跨区域高质量一体化发展的新路径，构建"山水林田湖草"生命共同体，共同打造天蓝水净地绿的美好家园。江南水乡因水而兴、河湖交错、水网纵横，水是其得天独厚的自然要素，与区域生态、生产及生活息息相关。长三角一体化规划构建"一心三带多廊"的整体生态安全格局，通过水网线性廊道连通各个重要生态资源，提升生态系统的整体性和关联性。

在推动城市协同发展的进程中，"尊重自然、顺应自然、保护自然"的理念是实现可持续发展的基石。通过生态环境高标准的经济社会发展转型升级，率先将生态优势转化为经济社会发展优势，是城市协同发展的核心要义。保障"山水林田湖草沙"多要素生态格局的完整性和稳定性，不仅能够丰富生态空间的功能价值，还能够通过高标准的环境要求，倒逼经济社会发展的转型升级。在这一理念指导下，嘉兴将在区域层面通过打造"清水绿廊"集成生态技术，统领河流生态治理，展现湿地净化、水源涵养、循环农业、农

田再造等江南水乡生态景观。在这样的背景下，嘉兴以其河湖密布、水网纵横的蓝绿空间网络和特有的生境格局，为区域整体的生态空间保护、物种多样性保护以及经济社会发展提供了宝贵的价值。嘉兴以示范区为抓手，引领着城市群的生态绿色一体化发展。以湖荡田为底，通过现代绿色生态理念和技术与传统理水治水智慧文化的融合，以及低影响开发理念的实践，嘉兴正综合运用"源头削减、过程控制、末端修复"的生态技术，强化农业面源污染控制与治理技术应用，形成了完善的初期雨水治理体系。在保护生态水网、特色田园的基础上，嘉兴正实现生态文明时代城乡空间价值的多维度集成，追求经济的高效、环境的友好、资源的节约、社会的和谐以及文化的彰显，迈向均衡可持续发展的未来。这种发展模式，不仅为长三角地区树立了榜样，也为全国乃至全球的生态文明建设和可持续发展提供了可借鉴的范例。

2019年10月25日，国务院批复成立了"长三角生态绿色一体化发展示范区"，这一举措标志着国家在"一体化"和"高质量"的基础上，对长三角一体化发展赋予更高的使命——实现以"生态绿色"为引领的区域协同发展。2019年11月1日，"长三角生态绿色一体化发展示范区"正式揭牌成立，成为实施长三角一体化发展战略的先手棋和突破口，是我国区域一体化制度创新实践的重大举措和空间载体，也是在生态文明思想下践行新发展理念的重要实践。先行启动区位于三省交界，拥有良好的生态环境和较大的环境容量约束，因此，要在生态绿色的基础上先行先试、集中示范，进行一体化发展的制度创新和政策突破，以实现经济社会的高质量发展，为长三角乃至全国树立样板、打造标杆。自"长三角生态绿色一体化示范区"成立以来，始终坚持"生态绿色、一体化、高质量"的国家要求，通过"制度创新和项目建设"的双轮驱动，取得了重要的阶段性成果。

嘉兴，作为"长三角生态绿色一体化发展示范区"的重要组成部分，以其河湖密布、水网纵横的蓝绿空间网络和特有的生境格局，对于区域整体的生态空间保护、物种多样性保护以及经济社会发展具有重大价值。以"长三角生态绿色一体化发展示范区"抓手，嘉兴将引领城市群的生态绿色一体化发展，通过实施一系列生态保护和绿色发展措施，嘉兴正逐步实现生态文明时代城乡空间价值的多维度集成，推动实现均衡可持续的发展。

四、世界湾区重要节点，打造环杭州湾经济区第三极

环杭州湾经济区，作为长三角地区国际国内双循环的战略支点，已经崛起为一个具有世界级大湾区体量的经济区域，是我国最具发展潜力的地区之一。杭州湾的未来定位是建设生态智慧、开放创新的世界级湾区，旨在打造一个要素高效流动的一体化区域、产业绿色智慧转型的示范地区、人文与海湾相得益彰的特色地带，并成长为具有世界影响力的对外链接门户区域。

在创新方面，杭州湾致力于共同培育具有湾区质量的自主创新环境，共建智能制造产业集群，促进国际开放平台的联动。在交通方面，杭州湾将共建枢纽链接的高效网络，破解沿湾和跨湾轨道支撑不足的问题，加快沿湾和沪甬通道的建设统筹，完善沿湾新区和港区的干路衔接。在生态方面，杭州湾将强化近海生态治理，建立统一的排海标准与产业负面清单，推动海岸带生态修复，提升生态生活岸线的比重，共建海湾公园和沿湾绿道。在人文方面，杭州湾将解决当前人口吸引力不足的问题，加快促进各新区走向产城融合，推动未来城市建设试点示范，植入多样化的休闲娱乐设施，举办先锋活力的国际活动，塑造湾区共同品牌。

浙江省被赋予建设世界级大湾区的重要使命，将引领上海、嘉兴、杭州、绍兴、宁波和舟山等主要城市在产业、生态、交通、人文等方面实现差异互补和协同发展。嘉兴，作为杭州湾沿线的重要节点城市，正努力打造成为环杭州湾经济区的第三极，成为展示中国特色社会主义制度优越性的精彩板块和重要窗口。

第三章 先导新实践的创新探索
Chapter 3 Innovative Exploration of Leading New Practices

第一节　迎接建党百年的嘉兴挑战
Welcoming the Challenge of Jiaxing in the Centenary of the Founding of the CPC

嘉兴，这座历史与现代交织的城市，不仅承载着中国共产党诞生的光辉历史，也见证了"红船精神"的传承——这份开天辟地的首创精神和以党为公的执政理念，寄托着城市发展与创新的无限期许。

回溯历史长河，城市的发展总是伴随着挑战。嘉兴在城市的规划、建设与治理上也面临诸多考验。站在时代的高度，从"工业文明"到"生态文明"的转型，对城市发展提出了更高品质人居环境的挑战。在中国特色社会主义的道路上，我们要关注从"快速发展"到"共同富裕"的转变，从"人口红利"到"人才红利"的升级，这意味着要应对更加公平均衡的发展挑战和更有活力的人口结构挑战。此外，我们还需面对从"外力驱动"到"内外并举"，从"干线贯通"到"直线直通"等更强大的创新能力和更高效的交通保障的挑战……这不仅是对我国城市发展道路的一次时代大考，也是对如何在快速发展中兼顾生态保护，走出一条独具中国特色社会主义城市发展道路的深刻考验。

在中国共产党成立百年的重要时刻，嘉兴以其深厚的文化底蕴和独特的乡愁记忆，更加凸显了其在中国文化脉络中的重要地位。这座古镇小城，沐浴在江南的烟雨之中，以其水乡文化的独特地貌特征和建筑风格，展现了中国传统文化中的柔、文、融、雅。嘉兴的自然本底，河道棋布、湖泊众多，不仅形成了其特有的城镇风貌和城市文化传统，也深深影响了居民的生活习俗，成为吴越文化的重要传承地。千里绵延、奔腾不息的运河流域孕育了丰富的文化，也成为塑造中国传统文化的基因之一。可以认为，嘉兴以其所积淀的特色鲜明的地域文化，与社会发展紧密关联，形成了独具运河特色的"开放、沟通、区域"特性。而嘉兴的"红色基因"与"复兴之魂"，更是无时无刻不在提醒我们，从1921年南湖红船的起航，到如今建党百年，红色文化贯穿了中国共产党领导中国人民不懈奋斗的全过程。光荣且艰辛的红船精神作为嘉兴重要的文化记忆，不仅是革命基因和民族复兴的精神坐标，更是立党之本、兴党之基、强党之要的体现。红色文化的灵魂与旗帜有着丰富的精神内涵，彰显了爱国主义的高尚品德。

除了丰厚文化历史底蕴，进入高质量城镇化发展阶段，嘉兴也在城乡融合和共同富裕方面起着显著的带头作用。浙江省作为全国城乡发展差距最小的省份，城乡居民收入之比已缩小至2.01：1，基本形成农村30分钟公共服务圈、20分钟医疗卫生服务圈。而嘉兴所在的嘉湖片区更是作为国家11个城乡融合发展试验区的排头兵，探索以城乡融合带动全域均衡发展、共同富裕的先行先试经验。嘉湖片区城乡收入比为1：1.6，差距最小，是全国城乡融合的排头兵。

作为千年古城、文化之邦、革命圣地，嘉兴也是我国"长三角生态绿色一体化发展示范区"的重要组成，其城市生态本底为可持续发展提供了重要的基础。嘉兴以独特的空间要素组织优化国土空间开发格局，全面促进资源节约，加大自然生态系统和环境保护力度，加强生态文明建设与可持续发展，开创中国城市与自然和谐共生的建设典范，打造独一无二的自然风物名片和城市人文品牌。为落实中国特色社会主义事业总体布局，嘉兴引领空间高质量转型发展，承担着中国生态文明和可持续发展示范的重要职责。

站在下一个百年的开局之年，嘉兴以城市可持续、绿色高质量发展的变革为开端，率先走出中国特色的空间规划治理的新路。把握百年未有之大机遇，主动承担高质量发展的时代使命，这是嘉兴不忘初心的历史承诺与实际行动准则。

在当前全球气候变化的背景下，低碳目标的生态城市建设已成为城市发展的共识。随着我国能源结构和产业结构的调整，城市发展的挑战已经从单一的经济增长转变为多元化的生态文明建设。绿色交通出行、用地布局优化、生态技术引领……众多新时代语境下的城市建设挑战与目标逐渐成为我国城市发展模式的风向标。嘉兴的城市发展谋划，是在保护生态水网和自然本底的基础上，以水系为引导，丰富生态空间的功能价值，完善"山水林田湖草海城乡"多要素生态格局的完整性和稳定性，实现与城乡空间价值的多维度集成。这样的规划旨在促进经济的高效、环境的友好、资源的节约、社会的和谐以及文化的彰显，实现均衡可持续的发展。这充分体现了生态文明理念下城市发展顶层谋划的哲学，其规划实践探索对我国新时期城市发展具有重要价值。得益于长江三角洲地区的发展，嘉兴的经济实力和开放程度为实行新模式的探索提供了良好的土壤，使其成为中国创造高质量规划和建设的最佳场所之一。嘉兴的规划实践，不仅是对生态文明理念的深刻理解和应用，也是对未来城市发展模式的有益探索。

对嘉兴而言，站在建党百年新的历史起点上，这座城市不仅承载着深厚的历史文化底蕴，更以其先导性的创新探索，成为全方位规划、建设、治理体系新实验的先锋，为长三角片区乃至全国城市一体化发展提供了良好的范本。"领头羊"嘉兴面临的挑战是多方面的——建成生态文明示范区的挑战、建成共同富裕展示区的挑战、建成未来城市先行区的挑战，最终实现建设世界级网络田园城市的愿景。更具体地，对于建党百年这一重要历史时刻，嘉兴还需着力在多个具体领域完成其规划的实践蝶变。首先，它致力于建成生态文明的示范区，以绿色发展为导向，保护和提升水乡特色，构建生态城市。其次，轨道交通和网络城市的建设是嘉兴在交通保障方面的挑战，旨在实现高效、便捷的出行网络。第三，嘉兴还面临着遗产保护和文化魅力延续的挑战，努力在保护历史文脉的同时，注入新的文化活力。第四，科技创新赋能和产业升级也是嘉兴推动经济高质量发展的关键。第五，城市活力的提升，特别是品质人居和高端人才聚集，是嘉兴面临的另一大挑战。最后，城乡融合和共同富裕的公平发展，也是嘉兴需要着力解决的问题，旨在实现区域发展的均衡和全民共享的富裕。

面对这一系列共性挑战以及时代赋予嘉兴的特有挑战，我们积极探索破局之道。嘉兴以其鲜明的本地特色，强化空间治理，以格局塑造为牵引，提升区域综合承载能力，有力回应了城市发展的一系列挑战。在中国共产党成立百年之际，也是"十四五"规划的开局之时，嘉兴紧紧抓住百年未有之大变局，围绕高质量发展阶段的各项任务和目标，进一步推进城乡规划治理能力现代化。嘉兴在全国率先探索技术管理与行政管理"1+1"的城市总规划师模式，创新了城乡规划治理体系。

立足新时代、新征程、新机遇，总师团队将贯彻新的发展理念，以建设引领新发展模式的区域性中心城市为目标，有序推进嘉兴高质量发展、高品质生活、高水平治理的特色空间营造，形成全域全要素总体城市设计、规划、建设与治理的全生命周期把关。通过建设引领嘉兴的城市新发展模式，用有力的时代强音回应建党百年城市蝶变的号召，将挑战转变为人民满意的未来嘉兴。这是嘉兴对历史、对人民、对未来作出的承诺和努力，也是这座城市对中国特色社会主义城市发展道路的深刻践行。

第二节　总师总控模式下的嘉兴规划探索

Exploration of Jiaxing Planning under the Chief Planner and Overall Control Mode

在建党百年的重要时刻，沈磊教授临危受命，从容不迫面对这一历史性的规划调整。自 2020 年受任嘉兴市城市总规划师以来，沈磊教授带领多专业技术团队驻地工作，全面开展了国土空间规划委员会的技术决策和规划设计指挥部的技术审查工作。他主持了重大城市规划设计审查100余项，全程把控了建党百年系列重点工程建设，并主持了1000余次技术审查会。在系统提炼"九水连心"城市结构的基础上，沈磊教授提出了建党百年嘉兴要呈现的六大方面：生态文明、城乡融合、产业兴旺、文化传承、区域统筹、人民幸福。明确了规划建设的九大板块，包含100余项重点工程。2020年8月8日，这一内容经过11位院士、专家的研讨，获得了高度肯定，并已全面实施高强度、高标准的规划建设和整治。嘉兴城市品质得到了显著提升，高质量地呈现了"秀水泱泱、文风雅韵、国泰民安"的百年景象。

在总师总控模式下，沈磊教授带领团队在嘉兴开展了一系列本土化的探索，以总规划师的角色，统筹规划、建设和管理，实现了技术管理与行政管理"1+1>2"的叠加效应。这项规划行动深入挖掘了嘉善的生态和绿色本底特色，并与嘉兴政府紧密合作，迅速有效地完成了规划的实施落地。沈磊教授团队针对不同层次的城市设计，合理规划并将其纳入国土空间规划（图3-1）。在宏观层面，市域和中心城区的总体城市设计与总体规划协同编制，独立章节纳入市、县、乡级别的国土空间规划。在中观衔接层面，城市重点单元设计与郊野重点单元设计与管控型详细规划协同编制，条文导则纳入城市衔接规划。在微观层面，地段地块的城市设计与乡村设计同实施型详细规划协同编制，并将具体的条文导则纳入详细规划。此外，沈磊教授团队还针对特殊地域和特殊领域的专项城市设计，与规划协同编制，并将设计要点纳入特殊地域、领域的专项规划。沈磊教授团队力图将设计体系纵向传导，实现跨区域/市域层面的总体设计，充分协同农业、生态空间与城镇空间的总体设计。这样的规划实践，不仅提升了城市品质，也为全国城市规划和发展提供了宝贵的经验和范例。

此外，在沈磊总师的领导下，团队还积极将设计思维融入嘉兴的国土空间总体

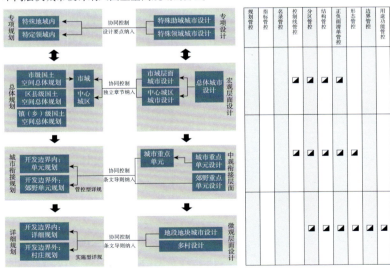

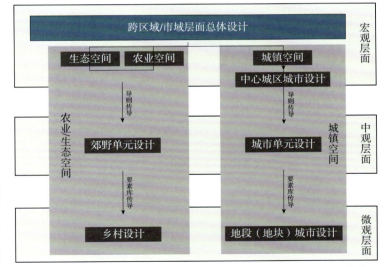

图3-1　不同层次城市设计纳入国土空间规划的方式与设计体系的纵向传导

（注：■表示管控工具）

规划，采取系统性的方法来确保规划的可持续性和适宜性。我们首先对土地资源、水资源、气候条件、生态、环境等因素进行初步评价，以评估生态保护、农业生产及城镇建设的适宜性。接着，运用自然生态、历史人文、城镇发展格局的多分类体系，将设计思维深度介入规划中。这一过程中，团队对具有潜在重要生态价值的区域、备选耕地考量区域、备选建设用地考量区域进行了补充修正，以确保规划的全面性和精确性。最终，我们得到一个理想的生态、农业和城镇建设空间范围，这一范围综合考虑了生态保护、农业生产与城镇发展的需求，确保了规划的合理性和实施的可行性，充分贯彻了生态文明的理念，为嘉兴的未来发展奠定了坚实的基础。

在总师总控创新性模式的引领下，沈磊总师团队首先对嘉兴的上位规划及其他相关规划进行了深入分析。例如《浙江省国民经济和社会发展第十四个五年规划和二〇三五年远景目标纲要》，提出二〇三五年远景目标为：经济高质量发展；实现治理现代化，教育现代化、卫生健康现代化；共同富裕率先取得实质性重大进展；人与自然和谐共生，生态环境质量、资源能源集约利用；党的全面领导落实到各领域各方面的高效执行体系全面建成。《浙江省国土空间规划（2021—2035年）》提出的规划目标为：到2025年，国土空间结构和布局持续优化，国土空间开发保护水平明显提升；到2035年，全面提升国土空间治理体系和治理能力现代化水平，形成生产空间集约高效、生活空间宜居适度、生态空间山清水秀，安全和谐、富有竞争力和可持续发展的国土空间格局；到2050年，建成更高水平的美丽浙江，省域发展达到国际领先水平。《长三角生态绿色一体化发展示范区总体方案》提出战略定位为：生态优势转化新标杆；绿色创新发展新高地；一体化制度创新试验田；人与自然和谐宜居新典范。

此外，其他相关规划也对嘉兴未来的发展提出了要求与展望。例如，《上海大都市圈空间协同规划》提出的目标愿景为：全球领先的创新共同体；畅达流通的高效区域；和谐共生的生态绿洲；诗意栖居的人文家园。《嘉兴市国土空间总体规划（2021—2035年）》提出的核心功能定位为：长三角重要的交通枢纽、G60科创走廊创新核心、长三角核心区全球先进制造业基地、国家城乡融合发展试验区、诗画江南重要文化中心。"虹桥国际开放枢纽南向拓展带协同发展规划研究"提出的总体诉求为：双向互动的功能联动；交通一体的引流基础；高铁新城+湾北新区的平台提级；开放和一体化的政策突破。《嘉兴市大运河世界文化遗产保护条例》（2018年）也提出了规划要求：在大运河遗产区内，除大运河遗产保护和展示、景观维护、防洪排涝、清淤疏浚、水工设施维护、水文水质监测设施建设、航道和港口设施建设、跨河桥梁和隧道建设、游船码头和建筑物修缮等必要的建设工程外，不得进行其他工程建设或者爆破、钻探、挖掘、采石等作业。

在总师总控创新性的规划模式变革与深入分析相关上位规划要求的基础上，沈磊教授带领的总师团队为嘉兴系统地提出了"三大目标、六大观念和十大方法"，旨在把握"十四五"规划和二〇三五年远景目标的时代背景，实现从"宏大叙事、外延扩张"向"品质宜居、内涵提升"的转变。这一系列创新性的探索尝试，明确了生态文明作为引领城市高质量永续发展的核心和动力源泉。

"新时代征程、新发展理念、新战略格局"构成了嘉兴规划的三大目标，指引着城市发展的方向。"六大观念"进一步细化了这些目标，包括：山水林田湖草海的新生命系统观；人类与自然和谐的新自然生态观；发展与保护平衡的新经济发展观；城市与乡村融合的新繁荣社会观；环境与民生共美的新民生福祉观；传统与创新交融的新文化传承观。这些观念为城市规划提供了全新的视角和思考路径。"九大方法"是实现这些规划和观念的具体手段，包括：本底识别、自然生态脉络梳理、人居历史；紧凑集聚、城乡组团；系统构架、绿色交通；绿色转型、基础设施；中心网联、公共服务；系统构建、低碳产城；社区营造、绿色未来；体系运维、智慧管控；机制创新、规划治理。这些方法综合考虑了城市规划的各要素方面，旨在构建全面、可持续、和谐的城市发展体系，实现城市高质量发展，为建党百年嘉兴规划谱写新的时代华章。

在总师总控模式下，我们希望通过一系列的规划探索，将嘉兴建设成为具有国际影响力的城市。首先，将强化区域合作，特别是与上海和杭州的合作，共同打造"沪嘉杭"一体化的世界级城市群，并为此提出了"一轴引领、金边银线"的四大空间战略。其次，构建与自然资源禀赋相适应的市域空间结构，重塑城市经济地理，为全域城市设计提出了"五方连心、九水三环"的四大空间战略。这不仅体现了对自然资源的尊重，也强调了城市空间结构的优化。再次，提炼嘉兴的城市空间特色，锚定长期空间治理目标，持续提升城市品牌魅力。为此，中心城区城市设计提出了"九水连心、双轴营城、圈层抬升"的空间结构，旨在打造既有历史底蕴又具现代活力的城市中心。最后，精准布局资源要素，优化基础设施建设，形成主次分明、整体均好的城市构架。我们还为中心城区城市设计提出了"一心两城、三环八片"的空间结构，旨在实现城市功能的均衡分布和空间结构的优化。通过总师总控模式指引下的规划探索，期望嘉兴在不久的将来，以其强大的竞争力、优美的生态环境、深厚的文化底蕴、卓越的生活品质，成为现代化城市的典范，担当起长三角区域一体化的重要枢纽职能，引领区域发展的未来。嘉兴与总师总控模式的碰撞，正在这座历史与未来交融的城市中擦出火苗。每一砖一瓦都凝聚着对美好生活的追求，每一条街道都洋溢着创新与活力的气息。嘉兴，以其独特的本底格局魅力和不懈的规划发展努力，正在向全中国乃至世界展示着总师总控模式下城市发展的智慧和力量。

NINE WATERS CONVERGE INTO ONE HEART

Jiaxing Urban Planning and Construction Chief Planner Demonstration

Mid Article

BACKGROUND PLANNING

中篇

本底规划

第四章 Chapter 4

本底研判
Background Analysis and Judgment

在历史的滚滚洪流中，嘉兴市城市总规划师团队立足于百年未有之大变局，直面社会主要矛盾的变化，勇踏新征程、迎接新特征、满足新要求。我们致力于探索一种全新的城市发展模式，以生态文明为引领，首次在国内编制市域总体城市设计。这一创举通过创新"二维规划"与"三维设计"的融合研究，不仅突破了传统规划的界限，还凸显了六大核心规划理念：山水林田湖草的新生命系统观、人类与自然和谐的新自然生态观、发展与保护平衡的新经济发展观、环境与民生供给的新民生福祉观、城市与乡村融合的新繁荣社会观、传统与创新交融的新文化传统观。这些理念共同构成了国土空间总体规划与总体城市设计的"1+1"编制体系，为嘉兴的未来发展描绘了一幅宏伟蓝图。

在谋划嘉兴城市发展战略的研究中，总师团队扮演着舵手的角色，总体把控与研判城市发展的趋势，以"生境、史境、城乡格局"为研究的整体基础，开展嘉兴市本底研究，明确了其城市空间发展的特征定位（图4-1）。我们提出了一系列城市长远谋划的战略策略，旨在继续新的时代征程、贯彻新的发展理念、构建新的发展格局，从而推动城市向着高质量发展的目标稳步前行。这不仅是对嘉兴这片土地的深情承诺，也是对未来的坚定信念，更是对新时代发展要求的深刻理解和回应。

第一节 生境本底研判
Background Investigation of Habitat

在生境本底研判方面，总师团队综合采取了多样化的技术手段，通过设计思维介入和补充修正，充分认识嘉兴市域范围的生境条件，并提出相对应的规划策略与方法。

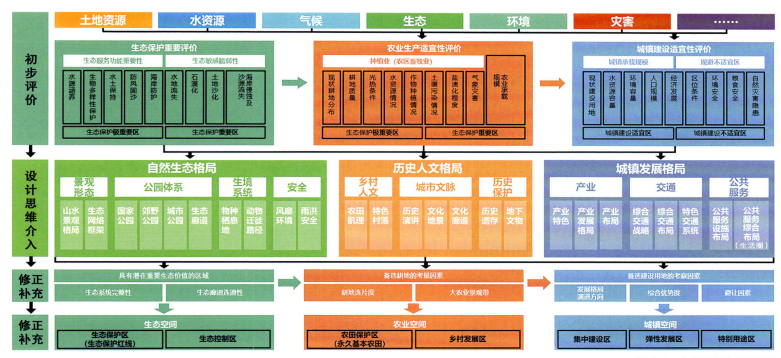

图 4-1 本底研究技术路线图

嘉兴，这座江南水乡，以其丰富的生态本底资源，为城市的可持续发展提供了宝贵的自然资源。在挖掘其生境本底资源价值的过程中，总师团队从战略意义、生态识别、多维评价3个方面展开工作。首先，通过对嘉兴市全域生态要素的系统分析和对问题的深入研判，揭示了其生态资源的潜在价值。继而，有针对性地提出了全域全要素的生境格局、策略路径和管控体系，这些成果形成了国土空间规划体系中的生境格局，为城市的生态发展奠定了坚实的基础。在此基础上，总师团队基于创新性的城市复合性生态系统理论，为嘉兴进行了三级网络生态特征分析、核心生态要素单元分析和生态功能网络评价分析。这一系列分析，系统地评估了嘉兴生境本底的资源价值，为城市规划提供了科学依据。这一系列措施，不仅体现了嘉兴市对生态资源保护的高度重视，也展现了其在城市规划和发展中的前瞻性和创新性。

长江三角洲腹地的嘉兴是太湖生态核心圈和杭州湾生态带的重要组成部分。从区域层面的视角来看，嘉兴的区域生态空间结构被清晰地勾勒出来："北部沿湖"和"南部沿湾"两大区域生态廊道如同绿色动脉，贯穿整个城市，与"以放射状蛛网和方格网为特色的市域蓝绿网络"共同构成了生态骨架。这一生态格局可以简要概括为"一核""一带""两廊""一区"，即以太湖生态核心圈为"一核"，以杭州湾生态带为"一带"，以京杭大运河国家遗产与生态廊道、太浦河—黄浦江—大治河生态走廊为"两廊"，以长三角生态绿色一体化发展示范区为"一区"。广阔的生态腹地格局不仅展示了嘉兴在区域生态安全中的重要地位，更为生态城市规划提供了宝贵的资源。

从功能定位上来看，嘉兴不仅是长三角区域内的生态涵养地，更是一座与湖泊相连、与海洋相通的平原水乡。在这里，自然要素，如山、水、林、田、湖、草、海等，一应俱全，共同构成了"通湖枕海、平原之城、富饶水乡"的生态全要素和谐格局。更为重要的是，嘉兴还是全球候鸟迁徙廊道上的重要家园，扮演着不可或缺的角色。它是全球最大鸟类迁徙路线的重要节点，串联各类自然保护区的中转站。嘉兴还是东亚—澳大利亚候鸟迁徙路线上的一个重要节点，这条路线是全球鸟类种群数量最多、最易受到人类活动威胁的迁徙路线之一。每年有118种湿地水鸟在嘉兴栖息，200多万只候鸟在嘉兴上空经过，不仅展示了嘉兴丰富的生物多样性，也凸显了其在生态保护中的重要地位。以生态、绿色发展为核心理念的嘉兴规划，将以其生态的完整性、多样性和连续性，成为连接自然与人类、保护与发展的重要桥梁。

通过精确的高清影像技术，我们对这片土地上多等级的生态功能网络进行了系统的识别，发现整个区域由4种独特的生境基因单元——蜿蜒的"河流水网"、波光粼粼的"湖荡湿地"、郁郁葱葱的"美丽林田"、生机荡漾的"活力海湾"——共同构成生态基底，其中林田和海湾构成了主体，而河塘和湖荡则有机地交织其间（图4-2）。在这片生态的田野汪洋中，我们对于全域生态单元深入开展了污染防控、自然保育、农业保障、休闲游憩、河流入海口沿岸等分析，以明确嘉兴生态单元的核心特征。其中，河流水网单元，如同大地的脉络，以居民悠闲游憩功能为主，其次起到了农业水源保障和自然保育作用；湖荡湿地单元，则是生物多样性的宝库，以多样性保持为主，其次又提供了观赏娱乐和防控减灾的功能；美丽林田单元，作为农业生产保障的中心，以农田生产功能为主，其次也具备灾害防御和自然保育功能；而活力海湾单元，则以其

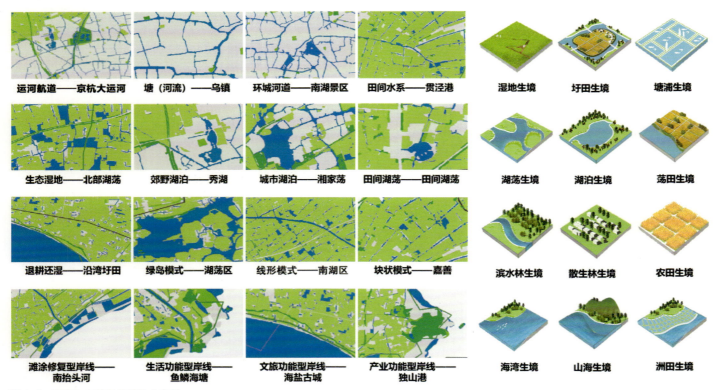

图4-2 嘉兴生态单元类型及分布图

独特的岸线为分界线，岸线东区以产业和生态功能为主，承载着产业发展的重要使命，西区以文化旅游功能为主，成为文化旅游的热点。

然而，这幅画卷并非完美无瑕。北部湖荡湿地和南部沿海南北湖区的生态系统显得尤为脆弱，生物多样性保护任务复杂而艰巨；北部湖荡湿地、九水沿线的水体污染风险较高，易受道路污染影响，需要我们更加警惕；沿海岸线的高密度建成区和产业区，也正面临着生态胁迫的挑战，海岸线局部区域生态质量下降，需要与其他保育区域增加联系……一系列生境问题仍然存在，提醒我们生态城市规划的每一步都需要精心策划和审慎执行。

同时，嘉兴的生态本底也有不同的区位特色，蕴含着巨大的生态服务功能潜力。九水沿线和南部沿海岸线区域以其生态资源的密集度而引人注目。九水沿线区域具有面积较大的湿地资源，不仅拥有雨洪调蓄能力，还以其优越的环境质量，为生物多样性提供了丰富的栖息地。东南沿海岸线区域湿地、林地密集，如同绿色的丝带沿着海岸线延绵不绝，环境质量更佳。与此同时，东部区域的水网更为密集，为农田灌溉提供了便利，这不仅可以保障农业生产的稳定性，也能够充分体现生态城市规划中对农业保障功能的重视。北部湖荡湿地、南部沿海南北湖区以及城区之间的区域是市域范围内重要的生态空间，它们靠近河道，拥有丰富的优质生态资源，生物多样性在这里得到了充分展现，也给城市的可持续发展衍生出了更多的可能性。此外，嘉兴沿海岸线区域的资源要素复合，可达性较好，这不仅为当地居民提供了便利的生活条件，也给旅游业的发展带来了新的机遇。种种生境本底的有利条件，不仅仅预示着嘉兴的发展，也更意味着我们需要更加谨慎地处理生态与发展的关系，确保在经济发展的同时，生态保护不被忽视。

嘉兴具备典型的江南水乡城市风貌，其密布的水道呈现典型的蛛状特征，水面率和水网密度较高，彰显了其独特的水乡风情。然而，在这片水乡的宁静之下，却隐藏着嘉兴的人均水资源占有量较低和面临着较高污染风险的挑战。面对这些挑战，总师团队采取了精细化的策略，通过对河流两侧200米范围内缓冲区进行第二等级和第三等级的网络分析，构建河流缓冲区的多级评估体系，利用多等级生态功能网格评价进一步识别市域的生境问题和生境格局特色。

生境问题的主要表现有以下4点：

一是区域生态治理效果不明显，整体格局需要优化。生态保护红线的划定以及针对水体、植被、土壤等生态要素的修复工作，虽已取得初步成效，却缺乏生态价值提升的系统谋划，未能充分发挥生态环境的潜在效应，整体生态格局有待优化。生态廊道的连通性不足，导致生态保护重要区域未能形成有效的集中连片，河湖水体、水田、林地、湿地面积的稳定提升也受到影响。

二是生态网络连通性不佳，要素碎片化问题加剧。生态网络的连通性问题同样突出，保护与发展的空间矛盾尖锐。相比长三角其他城市，嘉兴的城市开发强度较高，对生态系统服务的整体保护和修复不足，且交通性基础设施廊道对空间的分割严重，缺乏绿色化的营建。这些不合理的土地利用方式和利用强度导致自然生境的损失，水土流失加剧，景观破碎度增加，农田破碎化程度高于浙江省平均水平，景观结构单一，景观通达性降低。

三是水文调节能力退化，水生态环境质量下降。环太湖流域的杭嘉湖东部平原水网区到嘉兴市水域的平均斑块面积减小，斑块密度上升，水域破碎度增大，区域下垫面水文调节能力退化。嘉兴市域内重要江河湖泊的水质达标率不高，河湖水面率的下降趋势、局部死水区的出现，以及杭州湾海水水质为全国9个重要河口海湾中最差，都是水环境恶化的明证。

四是开敞空间分布多而不均，点状问题亟待修复。嘉兴全域拥有密集的水网、自然景区、各级公园及农业区域形成的多种开敞空间，但这些空间缺乏稳定的保护机制，品质有待提升。同时针对湾区沿线、九水沿线、生物栖息地、自然保护地等重要生态区段和节点，则需要针对性地开展点状修复。

这些问题如同生态网络上的漏洞，需要我们用心去填补。在总师模式的指导下，嘉兴的生态城市规划正努力实现技术与管理的有机结合，寻找保护与发展之间的平衡。综合分析嘉兴的市域生境格局，可以概括为：以田园为生态"基质"，水体和滩涂为"廊道"，湖荡林草、城镇和农村居民点为重要的"斑块"，构建整体市域的生态基底。各类"斑块"如同宝石镶嵌于自然和半自然景观构成的生态"基质"之中，由"廊道"相互连接。在未来的规划中，为了进一步优化市域生态结构、改善生态景观功能，我们与国土空间规划中的城镇空间、农业空间、生态空间"三区"和城镇开发边界、永久基本农田保护红线、生态保护红线"三线"进行校核，建立生态分区、优化生态廊道、加强生态绿地建设，打造"九水连心、三横多脉"生态骨架，重点保护好以"一廊"（长三角G60科创走廊）、"两带"（太湖生态核心圈和杭州湾生态带）、"八核""九水"为重点的生态系统格局。嘉兴规划蓝图上的每一笔精心勾勒，每一色细腻搭配，都旨在让嘉兴的生态城市规划成为现实，让城市与自然和谐共生，让人们享受到绿色生态带来的福祉。

第二节　史境本底研判

Background Study of Historical Context

在嘉兴这片古老的土地上，历史的印记深深刻画着每一寸土地。在史境本底方面，我们借助了多种计量方法和时空大数据技术，对嘉兴市域范围内的城市空间文脉基因进行了深入剖析，详尽地挖掘了嘉兴的历史文化变迁，以更好地理解、归纳嘉兴的历史人文空间格局，并提出针对性的规划优化与响应策略。

嘉兴，这座国家级历史文化名城，承载着7000年的人类文明史和1800年的城市建设史，表现出丰富多样的文化特征（图4-3）。总师团队以本底规划作为总体城市设计的重要抓手，深入挖掘和认知嘉兴的史境特征和文化底蕴。通过对嘉兴历史文化的前期研究，从认知到历史断代的深入分析，形成了对遗产价值的评估和文化脉络的演进理解，为全域空间策略路径和分区管控体系的建立奠定了坚实的基础。在全域全历

图 4-3 嘉兴主要文化特征

程的史境格局研究中,团队创新性地采用了年谱断代的方式,梳理了市域历史发展脉络。借助地理计量方法,构建了文化遗产的时空大数据库,为文化保护与传承提供了科学依据。同时,运用类型学方法,解析了嘉兴城市空间形态的基因,形成了文化空间战略。这一战略涵盖了文化遗产空间格局塑造、文化空间节点与价值分布探索以及古镇和工业遗产的保护与利用等方面。

在嘉兴这片充满历史人文气息的土地上,总师团队运用年谱断代的方法,对这座城市的江南文化底蕴进行了深入挖掘。我们提取了3层8类34种人文基因谱系,将嘉兴的文化特色进行层层剖析,展现出了以中国特色为核心的"表层—中层—深层"三位一体的江南文化底蕴(图4-4)。其中,表

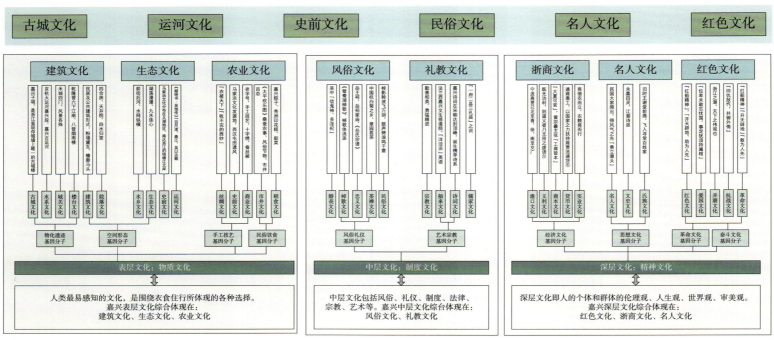

图 4-4 嘉兴江南文化体系分析图

层文化以物质文化为主，中层文化以体现风俗礼仪精神的制度文化为主，而深层文化则以政治文化为主。在深层文化中，6大文化主题尤为突出：运河文化、史前文化、古城文化、民俗文化、红色文化和名人文化。这些文化主题如同嘉兴的"DNA"，塑造了这座城市的独特性格。总师团队对嘉兴全域的物质与非物质文化遗产以及人文基因进行了全面分析，从年代分布、空间分布到密度分布，3个层面的叠加分析为相应的文化要素和空间的感知分析提供了科学依据。全域形成了6大类可感知、可识别的文化空间节点体系：古运河、塘浦圩田、古城遗址、建造文化类遗址、红色文化类遗址和名人文化类遗址。这些节点如同历史的瑰宝，点缀在嘉兴的大地上，成为城市文化的重要组成部分。值得注意的是，嘉兴的文化空间节点与水系的分布高度耦合，83.15%的文化价值空间沿水系分布，历史人文空间格局呈现出"两廊五区多点"的特征。这样的格局不仅体现了嘉兴江南水乡的特色，也展示了城市与自然和谐共生的美好景象。

通过对历史文脉史境本底的深入挖掘，嘉兴的规划实践深刻认识到这些文化资源的珍贵性和独特性。不仅尊重了历史，也展望了未来；不仅注重生态与城市的和谐共生，更强调文化传承与创新。在这样的规划理念指导下，嘉兴的城市发展将不仅仅是物质建设的过程，更是一次文化复兴和传承的旅程，将嘉兴的历史文化融入现代城市规划，让古镇的文化底蕴成为城市发展的灵魂，让历史的记忆在城市的脉络中流淌，让每一个生活在这里的人都能感受到文化的力量和历史的温度。在城市总规划师模式的引领下，嘉兴的城市规划展现出江南水乡的无限魅力和文化自信，将城市的文化底蕴转化为其发展的动力，让历史的光芒照亮城市的明天，让文化的力量成为城市发展的灵魂。

第三节　城乡本底研判
Urban and Rural Background Sorting

在城乡本底方面，总师团队运用前沿的识别与研判技术，深入挖掘嘉兴城乡本底格局的演变，并提取多维度城乡形态特征，以此来揭示嘉兴城乡空间格局的变化方式，并提出适宜其江南水乡本土空间的城乡建设方法。在嘉兴这片江南水乡的画卷上，总师团队通过特征识别、资源研判和格局演变等多维度分析，对城乡要素进行了耦合评价，总结出了嘉兴全域城乡发展的规律。在交通方式和各类要素发展的更迭下，嘉兴全域城乡格局逐步演变，形成了市域"水网织城乡、一心聚五城"的城乡形态特征。"河浜圩田、湖荡聚居、林间聚落"等生态空间结合的轴向发展，以及网络扩张的城乡建设形态，共同构成了自然和谐的江南水乡空间。

在嘉兴的城镇格局中，全域网络化的初步构成已经显现，村庄发展拥有明显的优势，但要素的集聚性尚显不足。总师团队综合考虑了区位条件、发展基础、基础设施等因素，对城乡发展的优势进行了评价，发现空间分布呈现出环状放射性格局，城镇体系格局则展现出均质化、网络化的特点。此外，通过借助互联网 POI 等多源大数据，总师团队运用核密度分析和三维地图分析，对城市活力及各要素资源的空间聚集形态进行了热点分析。随着城市化进程的加速推进，公共活力空间呈现出由中心向外扩散的发展结构，这一结构不仅体现了城市的生长活力，也映射出城乡发展的新趋势。

在嘉兴城乡本底研判的基础上，我们不仅聚焦于城乡发展简单的物质建设，更要关注对自然环境基础和历史文化基础的尊重与保护。总师团队的工作，不仅是对嘉兴城乡空间格局的深入理解，更是对江南水乡生境风貌与文化传统的传承和创新，力图将嘉兴打造成为江南水乡的风貌典范，展现城乡融合发展的无限魅力和生命。

第五章
Chapter 5

规划引领
Planning Guidance

第一节　强化空间格局，提升区域综合承载
Strengthening the Spatial Pattern and Enhancing Regional Comprehensive Carrying Capacity

在新时代新挑战的浪潮中，嘉兴面临着前所未有的发展机遇，亟需建立新的城市发展模式。这座江南水乡，正从工业文明的深厚底蕴中蜕变，迈向生态文明的新纪元。为迎接种种挑战，嘉兴需要将人口红利的接力棒传递给人才红利；需要让外力驱动尽快转变为外力驱动与内生动力的双轮驱动，内外并举；需要从干线贯通过渡到直连直通；需要从快速发展的跑道平稳驶向共同富裕的彼岸……种种新时代的蜕变基础，促使高质量、高品质的城市空间发展策略的形成，并以此直面挑战、走向未来。在这一历史性的跨越中，嘉兴市的城市总规划师团队肩负着时代的使命，以生境、史境本底规划研究的深刻洞察为基石，将技术管控与行政管理紧密融合，整体把控全域全要素总体城市设计方案，有序推进嘉兴高质量发展、高品质生活、高水平治理的特色空间营造，促进嘉兴成为引领新发展模式的长三角城市群重要中心城市。

在这张蓝图中，《嘉兴市国土空间总体规划（2021—2035年）》提出打造"长三角城市群重要中心城市、上海大都市圈专业性全球城市"的城市定位，承载"国家城乡融合发展试验区、长三角重要综合交通枢纽、G60科创走廊创新核心、长三角核心区全球先进制造业基地、诗画江南重要文化中心"五大功能。总师模式的实施，旨在谋划将嘉兴打造成一个"天人合一、道法自然、动态永续"的生态文明时代网络田园

市域：生态文明时代理想人居地

市域总体格局：一轴引领、金边银湾、五方营城、水韵田园
市域空间特色：现代江南、网络组团、田园城市、未来水乡

图 5-1 嘉兴市域总体格局效果图

城市，使之成为生态文明的示范区、共同富裕的展示区、未来城市的先行区。嘉兴将持续发挥水乡特色和生态禀赋优势，展现遗产保护和文化魅力，依托科创赋能和龙头产业引领，利用快速综合交通形成网络城市，吸引高净值人群入驻，打造品质人居，促进全域市县城乡融合发展和共同富裕。

在城市发展目标与愿景的引领下，嘉兴市的市域总体格局被整体性精心构建为"一轴引领、金边银湾、五方营城、水韵田园"，旨在打造"现代江南、网络组团、田园城市、未来水乡"的市域空间特色（图5-1）。总师团队在这一结构性的总体框架下，以强化空间发展格局为核心目标，精细打磨，重点把控和落实每一项空间设计策略，确保每一寸土地都能发挥其最大的价值、每一次规划都能引领城市向更高品质的生活迈进。

一、建设世界级的一体化城市群

Building a World-class Integrated Urban Agglomeration

（一）一轴引领强脊梁，联动沪杭，构建城市群区域中心

嘉兴位于长三角一体化发展核心枢纽的地理位置，承载着"G60科创走廊"与"虹桥国际开放枢纽南向拓展带"两条国家战略走廊的发展使命，它们如同区域发展的脊梁，支撑起城市群发展的宏伟蓝图，形成"一轴引领强脊梁，联动沪杭，构建城市群区域中心"的独特交通枢纽格局。在这幅蓝图中，"一轴引领"战略（图5-2）被赋予了深远的意义，它不仅仅是强化嘉兴整体能级的关键，更是协同护航区域发展的导向标，旨在构建一个世界级的大都市带。为实现这一目标，嘉兴市首先着手构建世界级的综合交通廊道，优先发展高铁、城际铁路、高速公路等交通要素，铸就了一个时空紧密相连的区域发展骨架。在此基础上，嘉兴市依托高铁新城的聚能效应，将自身打造成为发展廊道上要素聚集、功能跃升、区域联动的枢纽城市。嘉兴南站作为高铁新城的核心引领，正加速要

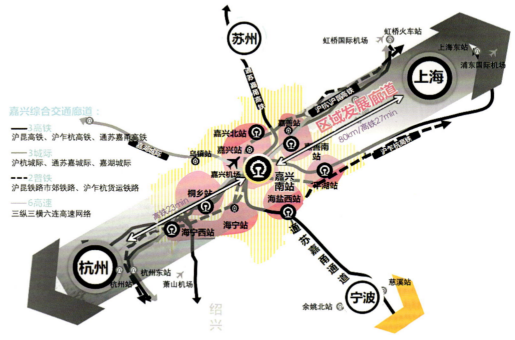

图5-2 嘉兴"一轴引领"示意图

素集聚，整体性谋划了一系列重大性设施，如长三角会议中心、体育中心等，旨在形成商业商务、会议培训、旅游服务和居住配套等多元功能，以更好地发挥区域功能承接与护航的作用。此外，嘉兴市还利用高铁枢纽的集聚效应提升城市服务能级。高铁新城成为"产能窗口"，并联动"科创大脑"和"产业基地"，通过"科创大脑"凝聚顶尖人才，依托其优美环境在湘家荡北部、乌镇等一系列地区构筑高品质的总部研发基地，形成全域联动的三级产业空间，构筑产业链上游，引领科创引智新模式，成为全域高质量融合发展的纽带。这一系列举措，不仅为嘉兴市的未来发展注入了强大动力，也为长三角地区的协同发展提供了有力支撑。

（二）金边银湾联沪杭，借势发展，九大战略节点强化边界效能

在长三角一体化的国家战略指导下，嘉兴市正以"金边银湾联沪杭，借势发展，九大战略节点强化边界效能"的战略目标，充分发挥多边联动效应，发挥无界融合的资源对接和联通互融的作用。依凭独特的区位优势，嘉兴逐渐成为区域联动的重要枢纽，总师团队精心策划，以嘉兴为主舞台，金边融沪、银湾联杭，充分发挥锚点特色，协同链接区域资源，强化区域协调发展的边界效能。

具体而言，为加大沪杭区域城市的全面联系，全面对接区域资源，总师团队在对嘉兴本底资源的整体把控下，描绘了嘉兴在世界级城市群核心腹地"融沪金边"与"联杭银湾"的壮丽图景。"金边"，象征着嘉兴与上海的无缝对接，与苏州、湖州的紧密对话；而"银湾"则指借助浙江大湾区战略的东风，全面引领，与杭州、宁波、舟山等地实现深度链接。在这张宏大的规划图中，九大战略节点如璀璨的明珠，被精确锚定于"乌镇—王江泾—祥符荡—新埭镇"（金边）和"独山港—九龙山—海盐古城—南北湖—钱塘国际新城"（银湾）（图5-3）。借助的区位资源优势，在嘉兴全域构建了9个战略锚点，其不仅是地理上的标志，更是资源对接和联通互融的强大引擎。它们各具特色、协同作用，将区域资源串联，强化边界能级与护航整体，形成无限链接的发展网络。

各大锚点发挥特色、协同作用，链接区域资源。在"融沪金边"的构想中，乌镇、王江泾、祥符荡、新埭镇四大战略锚点，依托临沪的协同发展，构建了一个创意研发、高端智造、创新转化的发展圈，为上海南拓发展提供了坚实的支撑。其次，处在"联杭银湾"上的独山港、九龙山、海盐古城、南北湖、钱塘国际新城五大战略锚点，则围绕环杭州湾共建自主创新的智造湾区和绿色低碳的生态湾区的目标。一方面，依托和挖掘"银湾"各节点城市资源禀赋和区位优势，促

图 5-3 嘉兴九大战略节点效果图

进沪杭甬大都市圈资源向节点城市输送，打造成为湾区北岸科技智造潜力区，同时综合生态修复、生态产品价值等在各节点城市打造多样的绿色低碳发展标杆；另一方面，探索"银湾"各节点城市古今人文要素，树立智慧信息化城市建设理念，结合文旅资源，营造一个多元复合、开放活力的环境，吸引青年人群、国际人群和本地居民。在嘉兴，无界融合的资源对接和联通互融的作用正在日益显现，为区域发展注入枢纽的新鲜活力。

二、构建适应禀赋的市域空间

Constructing Urban Space Adapting to Endowment

（一）五方营城成一体，市县联动，构建强心多级的网络化城市

在新型城镇化的发展浪潮中，总师团队以"五方营城成一体，市县联动，构建强心多级的网络化城市"为导向，擘画了一幅"未来城市发展模式"的宏伟蓝图。这一模式提出构建嘉兴"布局组团化、建设集约化、功能复合化、产业高端化、交通网络化、环境生态化、服务智慧化、风貌多样化、城乡一体化"的"未来城市发展模式"理论模型，旨在推动嘉兴向"强心多级"的网络化城市迈进。在这一发展目标的引领

下，嘉兴以霍华德田园城市理念为雏形，重点统筹"生态营城、文化传城、产业兴城、精细治城、智慧维城"五大核心要素，致力于进阶打造嘉兴未来城市样板。依据未来城市的理论模型（图 5-4），嘉兴的空间布局呈现出组团化的发展格局，要素布局系统化发展，形成了"五方连心"的未来城市典范。而在空间战略上，嘉兴则依托共建共享的"生态、文化、综合交通、公共服务和城乡融合"发展网络，推动市域市县城乡联动发展，为实现共同富裕铺设了坚实的基础。

这既是总师团队对城市发展的深刻洞察，也展示了总师团队在嘉兴市新型城镇化道路上创新实践中作出的不懈努力。

首先，打造"区域中心—地区中心—片区中心"三级城镇体系，整体上构建"1+5+X"的嘉兴都市圈，支撑嘉兴成为长三角区域级中心城市。通过三级城镇体系的巧妙构筑，将市域范围内的颗颗明珠精心串联在嘉兴这片生机勃勃的土地上。其中，重点打造的嘉兴中心城区被赋予了更加显赫的地位，它如同都市圈的心脏，

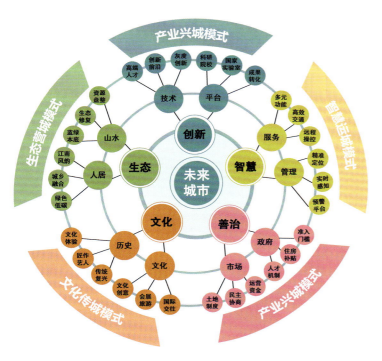

图 5-4 未来城市模型

跳动着引领发展的强劲脉搏。而嘉善则更加强调一体化的特点，通过一体化发展战略，与周边城市紧密相连，形成一种共生共荣的格局。除此之外，平湖的联动化、海盐的低碳化、海宁的协同化、桐乡的窗口化，每一个区域都以其独特的定位和功能，为嘉兴的繁荣贡献着力量。这种整体上构建的"1+5+X"嘉兴都市圈发展模式，不仅体现了区域协调发展的智慧，也彰显了城市差异化发展的魅力。结合五方城的差异化发展和高质量聚能，如同五根坚实的支柱，合理支撑着嘉兴向长三角区域级中心城市的宏伟目标稳步迈进。

其次，依托快速交通架构市域一小时交通圈，增强要素流动，强化城市的整体能级。在嘉兴这片充满活力的土地上，快速交通网络让资源与机遇在城乡之间自由流动，为城市的整体能级注入了强大的活力。一方面，通过精心设计的"一环十一射"快速道路网和"5+3"市域轨道网，将中心城区与外围城区紧密相连，支撑城市向心发展，构建了一个中心城区与外围城区30分钟交通的便捷生活圈。另一方面，在这个高效运转的系统中，有轨电车和BRT快速公交也在加强城市与乡镇组团的快捷联系，建立起城区与各乡镇的30分钟交通圈的生态链条。此外，嘉兴南站交通枢纽，不仅是对外联通全国和长三角的2~3小时交通圈的门户，

也是市域1小时交通圈的核心，它以其独特的地理位置和交通优势，成为区域发展的加速器。依托各级枢纽站，在交通的引领下，TOD（Transit-Oriented Development，公交导向型开发）开发模式在这里得到了充分的实践，在全域范围内打造多级要素集聚的高质量发展节点，吸引人流、物流、信息流在这里汇聚。嘉兴都市圈快速绿色一体化交通系统发展策略，不仅仅是一种出行方式的变革，更是一种生活方式的提升，充分强化了以"市域轨道为主导、有轨电车及BRT公交为支撑、慢行绿道为辅助、水上巴士为特色"的公交系统，营造绿色出行理念，旨在构建一个市、县、镇、村多级行政单元协同的绿色出行组织，让全域绿色出行率不低于87.5%。此外，还同时提高了公交出行的便捷度和舒适度，打通绿色出行的"最后500米"。

第三，通过加强嘉兴市城乡公共服务设施均等化，构建"区域公共中心—地区公共中心—片区公共中心"三级联动、均衡覆盖的高质量公共服务体系，形成能级聚力。联动体系像是一棵棵生机勃勃的大树，它们的根系深入城乡的每一个角落，为城乡居民高质量的生活水平和公正的社会服务提供养分。中心城区，作为这棵大树的树干，集聚了大规模、高等级、综合性的公共设施，它们不仅仅被打造成为城市的地标，更是提升

服务能级和区域辐射力的强大引擎，并带动地区级、片区级公共中心的提质升级。以医疗服务为例，中心城区的长三角国际医学中心作为引擎，提升嘉兴中心城区的医疗服务能级，彰显区域及中心城市的强大公共服务支撑能力。它以国际一流、国内顶级的医疗专家资源为支撑，打造了医疗、教育、科研、康养一体化融合的综合服务中心；依托长三角医疗中心的建设，强化片区开发和整体功能的配置，通过产学研联动带动，促进医疗体系整体升级，彰显嘉兴作为区域中心及枢纽城市的强大公共服务支撑能力。

最后，作为国家城乡融合发展示范的排头兵，嘉兴不仅深度吸收了浙江省城乡融合先行先试经验，在此基础上，还积极挖掘自身特色，构建城镇村三级"美美与共"的城乡融合共同富裕示范区。嘉兴以全域土地整治为抓手、以平台整合为载体、以普惠共享为目标，打造了"城乡融合示范2.0版"，并逐步形成可向全国复制推广的成功经验。这里，城乡不再是割裂的两个世界，而是相互融合、共同发展的整体。嘉兴市总规划师团队结合全域土地整治的先进经验，整体把控嘉兴秀美的生态特色，创新性地提出基于生态与文化要素评估的3种土地要素流动类型，形成"人走村走、人走村留、人留村留"等先进理念，保留生态、文化本底良好的自然村落，打造了一批中国式水乡田园

样板。同时，全域通过村落的分类保护与利用，城乡关系得到了平衡，乡村特色得到了强化，文化生长得到了延续，江南水韵得到了体现。通过生态、生产、生活"三生"融合的乡村空间打造，并试点化采取农业股份化、村民职业化、进城务工、转移就业等举措，农村集体经济得到了壮大，农村人口结构得到了优化，要素双向流动也得到了增强，共同富裕在新型城镇化的背景下逐步成为现实。这一切，都是嘉兴在城乡融合发展道路上的成功探索，也是中国式现代化城乡融合发展的生动实践。

在嘉兴的城市职能布局中，中心城区如同一位智慧卓越的指挥家，积极发挥其综合引领作用，奏响了一曲高影响力的区域服务配套的华美乐章，引领着城市发展的节奏和旋律。除了中心城区，嘉兴也针对其他不同区域综合地提出了其独特的职能优势及发展定位（图5-5）。将嘉善作为长三角生态绿色一体化发展示范区的核心区，集中突出其独特的"生态"优势，实现生态文明建设与经济社会发展的和谐共生。而平湖则依托港区多式联运的优势，充分发挥其"滨海"特色，成为区域物流和贸易的重要枢纽。

图 5-5　嘉兴各片区发展优势

海盐，则凭借核电基地的能源转型，展现"零碳示范"的优势，为区域的绿色发展提供强有力的支撑。海宁，通过与杭州的科创联动，实现产业的升级，展现"智造"的优势，成为科技创新的高地。桐乡，则依托乌镇品牌和互联网大会的影响力，发挥"文化哺育"优势，成为长三角区域乃至全国文化交流和创意产业的集聚地。因此，嘉兴不仅仅是经济发展的引擎，更是文化、生态、科技等多个领域创新发展的舞台，以此实现区域的协调发展。

（二）水韵田园绘愿景，水绿格局还原生境系统，万亩良田成就鱼米之乡

在新时期国土空间规划体系下，加强空间治理、品质与特色塑造，为建立全域生态城市框架提供了整体性的解决思路和方法手段。新时代的征程上，嘉兴也以其独特的生态魅力和文化底蕴，书写着空间治理的新篇章。嘉兴城市总规划师团队在全域全要素的整体设计下，重点关注场地本底特色。运用系统思维，关注场地自然特征、优化蓝绿本底空间、修复生态系统功能、建设绿色基础设施、增加城市孔隙度、打造特色交通运输系统等，综合纳入城市整体设计中，旨在实现高效、活力和可持续的未来城市建设。

总师团队系统梳理了嘉兴江南水乡生态、文化、城乡等资源要素的特色，借鉴天津市"一环十一园"公园系统建设的先进经验，巧妙地构建了"核""斑""廊""湾"生态保护网络。通过八大核心保护区、三级廊道、多斑块的设计，塑造了高质量的生态基底格局，保护了生态的完整性。整体连接的16条生态廊道，如同城市的绿色血脉，将绿网和农田网络串联起来，形成了"西廊东网、三带九水"的生境框架，带动嘉兴整体生境系统的价值提升，这是对江南水乡生态特色的深刻理解和创新实践（图5-6）。

一方面，针对生态修复和优化，总师团队分类施策，重点修复和优化湖荡生境、湿地生境、塘浦生境、荡田生境等12类生态斑块（图5-7），进行了精细化的生态保育，提升了生态系统价值。具体而言，在北部湖荡湿地区域，针对湖荡、湿地、塘浦、荡田生境，我们提出构建连续的滨水滩涂、恢复湿地林岛、提升整体自然群落完整性等策略；在中部平原地区，针对湖泊、河流、林地、农田、圩田生境，我们提出扩大湖体库容、增加河道两岸生态林斑、构建生态堤防、结合村落及一般农田进行生境改造等措施，打造高质量的生态环境；针对南部海湾地区的海湾、山湖、洲田生境，我们提出建设海岸生态廊道、增加森林覆盖率、开展岸线生态化整治修复、打造滨海生态湿地、提高生物多样性和生态系统稳定性等方法。

另一方面，总师团队还致力于将自然基底引入城乡，塑造渗透在湖田间的现代田园城市的风貌。我们在全域范围内开展城乡生态营造，加强城乡韧性修复，构建山、荡、塘、田、城的韧性系统，将城乡轻盈地放置于生态基地之上，构建安全韧性的城乡空间。对生态系统价值的提升以及对生物多样性和生态系统稳定性的关注，都是总师团队对城乡融合发展的深刻理解和实践，也是对人与自然和谐共生理念的生动诠释。

在嘉兴的经济地理版图上，通过格局的重新梳理，总师团队以尊重自然、顺应自然的态度，对原有的河道水系进行了细致的完善。在完善整体水系格局、尊重原有河道水系的基础上，我们深入研究历史航线，结合现代水上交通规划的需求，进行了整体链接和局部拓宽的工作，并通过加强水质监测、恢复水生植被、保护水生生物栖息地等一系列措施，以确保水系的生态平衡和生物多样性，从而优化水生态和水环境，促进水系的良性循环和有机联系，加强水源地保护和生物多样性保护。

在嘉兴的"水韵田园"发展格局中，总师团队重点塑造京杭大运河文化遗产保护带。以水路为脉络，以镇村为重点，依托整体运河水网，串联起全域生态、文化、城乡等特色资源，形成网络化的多元展示骨架。这是对嘉兴深厚历史文化的深刻理解和创新传承，也是对京杭大运河文化遗产的深

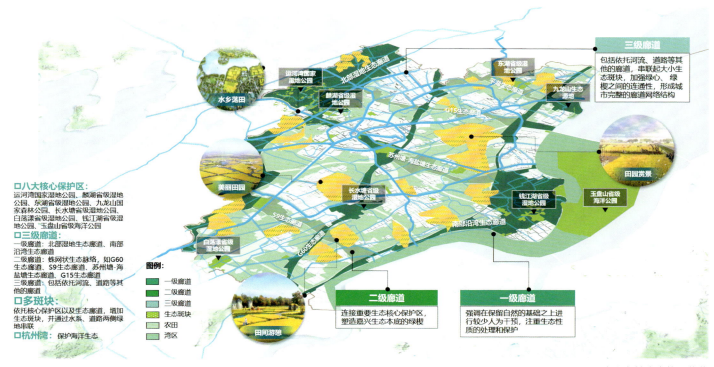

图 5-6 嘉兴市域生态格局优化

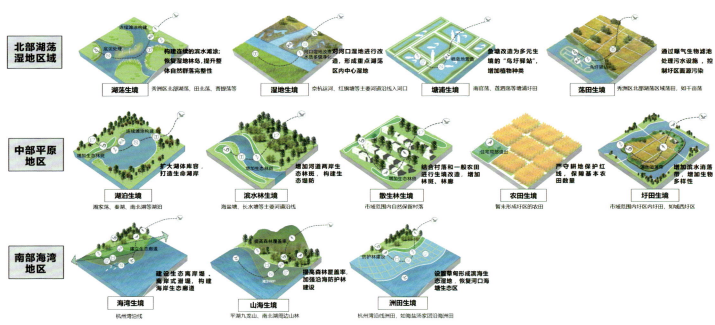

图 5-7 嘉兴生态斑块修复

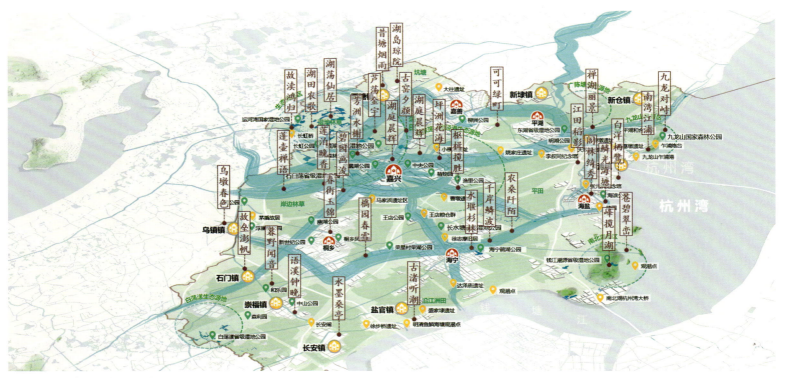

图 5-8 嘉兴市域文化魅力网络

情致敬。我们以大历史观为指导,在创新情景中培育人文特色,打造独特的五彩"文化+"展示路线。红色旅游线、蓝色创新经济交流线、绿色生态野趣线、青色文化水乡线、金色都市品质游线,每一条线路都是对嘉兴丰富文化资源的生动展现,每一条线路都是对嘉兴历史与现代、自然与人文的完美融合。在市域文化魅力网络中,链接起了嘉兴、海宁2个历史文化名城、10个古镇、18片万亩农田、19片湿地、145个湖荡、119个10公顷以上湖泊,以及中心城区26个大型公园(其中有7个公园面积都在60公顷以上),它们共同构成了与嘉兴自然资源禀赋相适应的市域生境史境资源结构(图5-8)。这是对嘉兴生态特色的深刻理解和创新实践,也是对城乡融合发展的积极探索。通过"三环九水三十六境"的魅力网络,总师团队打造了全域生态一体化示范的大田园全景展示图,生动诠释了嘉兴城市未来的美好生活图景。

三、锚定长期空间治理的目标

Anchor the Goals of Long-term Spatial Governance

嘉兴,这座承载着中国共产党诞生地的光荣历史的城市,正以其独特的城市空间特色和长远的治理目标,不断更新发展城市品牌形象。在庆祝建党百年的重要时刻,以沈磊教授为核心的嘉兴城市总规划师团队,着力提炼别具一格的城市空间特色,锚定长期空间治理目标,持续焕发城市品牌魅力,结合《嘉兴市国土空间总体规划》中心城区篇,为嘉兴描绘了一幅宏伟蓝图。

总师团队将嘉兴定位为"中国共产党的诞生地、国家历史文化名城以及长三角重要科创中心、枢纽中心、文化中心和智造中心",旨在将嘉兴打造为生态文明时代的理想人居地。通过整体性构建"九水连心、一心两城、圈层抬升、百园千泾"的城市空间格局,打造"红船魂、运河情、江南韵、国际范"的城市风貌特色(图 5-9),以彰显嘉兴深厚的文化底蕴和前瞻性的发展视野。

基于"顶层设计、全局规划、管理执行、项目策划、实施控制"五个层面,嘉兴的整体战略格局和空间布局得到了全面的规划和高质量的实施。通过"百年百项"重点工程,总师团队致力于在嘉兴完成"一年成型、三年成景、五年成势"的快速发展目标,充分实践行政管理与技术管理"1+1"的规、建、治一体化实施模式,在"红船"起航地实践"城市总规划师模式"的规划治理创新。如今的嘉兴正以规划的力量,推动人居环境的健康、和谐与可持续发展,不断呈现出"红船精神"在新时代背景下塑造城市的无限活力和勃勃生机。

(一)九水连心,构建城市空间格局,激发城市活力

总师团队充分利用嘉兴"九水"结构的本底特征引领,构建具有绿色生态发展特征的全新城市骨架,以"九水连心"构建城市空间格局,激发城市活力(图 5-10)。嘉兴,这座江南水乡的明珠,被赋予了独特的"九水连心"城市空间结构,在精心绘制的蓝图中形成"一心、两城、九水、八片、十湖"的空间布局,不仅点亮了"九水"空间的特色与品质,也激发了城市的无限活力,塑造了生态文明时代的发展标杆。在具体规划中,总师团队致力于塑造嘉兴"一路亭台、两岸花堤"的人文风貌,打

城市风貌特色：红船魂、运河情、江南韵、国际范
城市空间格局：九水连心、一心两城、圈层抬升、百园千泾

图 5-9 嘉兴中心城区空间格局效果图
图片来源：中国生态城市研究院沈磊总师团队

九水连心　嘉兴市规划建设总师示范
NINE WATERS CONVERGE INTO ONE HEART　Jiaxing Urban Planning and Construction Chief Planner Demonstration

图 5-10 嘉兴中心城区"九水连心"效果图
图片来源：中国生态城市研究院沈磊总师团队

造独具特色的九水主题，形成"九水十八园三十六景"的美丽画卷，以期在建党百年之际，全面展现"秀水泱泱、文风雅韵、国泰民安"的城市风貌。基于九水和城市中心的构架，形成嘉兴"三环八片"的城市功能格局：内环的文化环、中环的城市生活环、外环的产业环，并交通的有效组织联动了各级中心。

同时，"九水"作为空间发展的廊道，结合用地及交通优化分析，城市更新工作全面展开。2020年5月，嘉兴市政府与城市总规划师团队共同组织了"嘉兴市'九水连心'景观概念方案设计全球征集"活动，吸引了来自全球8个以上国家和地区、42家优秀设计机构的参与。2020年6月经过第一轮专家评审会，12家优秀设计单位被公开评审遴选出，进行"九水"各标段的方案设计。2020年7月，第二轮专家评审会则公开评审并遴选出了各标段的最优方案，这些方案均融合了城市本底规划的思想理念，体现了"九水"在整体城市空间中的定位。

（二）圈层抬升，以高度控制强化城市形态特色

在嘉兴的城市发展中，总师团队基于城市发展由古城中心逐层向外的空间特征，精心设计了"圈层抬升"的城市形态（图5-11），以进行整体的管控优化；通过"高度控制"强化城市形态与天际线特色，通过簇群建筑活跃城市天际线景观，形成一幅层次分明、和谐统一的城市画卷。其中，老城区以及天鹅湖、湘家荡周边地区，建筑高度原则控制在24米以内，形成一个24米圈层的低矮舒缓的天际线风貌景观，这是对嘉兴历史文脉的尊重和保护，也是对水乡特色的深情呵护。中心城区的内环与中环之间，建筑高度原则控制在36米以内，形成24米圈层与54米圈层之间的过渡圈层，既满足了视线廊道的要求，又保持了整体风貌的和谐统一。随着城市的扩展，中心城区的1.5环至中环之间、外环以外地区，建筑高度原则控制在54米以内，形成了一个54米圈层、高低错落的天际线风貌景观，这是对嘉兴现代化进程的响应，也是对城市特色的创新表达。中心城区的中环至外环之间，建筑高度原则控制在80米以内，形成一个80米圈层新城及产业中心的现代化国际都市风貌景观，这是对嘉兴未来发展的美好期许，也是对城市国际化形象的精准塑造。

在城市形态的塑造中，总师团队不仅注重高度的控制，还通过节点地标、建筑簇群、绿楔廊道、开放空间等多种城市空间的规划设计手段，丰富了城市的空间质感和形

图 5-11　嘉兴中心城区"圈层抬升"示意图

态特色。我们精心打造入市道路两侧的建筑立面和道路景观风貌，打造入市道路连接重要片区空间形象，强调对景地标建筑与景观标识的设置，使得从进出城市的门户就能感受到嘉兴的独特魅力。此外，我们还结合城市空间及人流集聚节点、视觉焦点，设置了多类型多层次的地标风貌系统，包括高层建筑地标、代表建筑地标、滨水型地标、历史性地标等，这使得嘉兴的城市风貌更加丰富和生动，展现了城市的多元文化和历史传承。

四、着力资源要素的精准布局

Focusing on the Precise Layout of Resource Elements

（一）一心两城：南湖文化中心，高铁新城与秀水新城拉开城市发展框架

在嘉兴的城市功能结构规划中，总师团队以"一心两城"的理念，巧妙地构建了一个以南湖和古城为文化中心，高铁新城和运河湾秀水新城南北联动的"一主两副中心结构"（图 5-12）。这样的布局不仅拉开了城市的发展框架，塑造了强大的空间引擎，而且通过 COD（城市导向型开发）、EOD（生态导向型开发）、TOD（交通导向型开发）模式，促进了增量发展及存量更新的有序进行，以目标导向带动城市整体发展。

"一心"为文化中心，是嘉兴文化的核

心。我们优化了南湖周边的天际线，并打造了一系列重要的文化项目，如红色文化（重走一大路）、运河文化（大运河文化长廊）、历史文化（古城中央文化区）、时代文化（人民文化广场）等，旨在传承和发扬嘉兴的文化传统。"诗画嘉兴、慢享古城"，我们还充分发挥了古城文化载体的作用，通过传统营城智慧的传承，营建"前朝后市、一街九巷、两巷九弄"的古城文化轴线，串联起了壕股塔、子城、坪山公园、少年路等一系列重要节点，活化空间活力，为诗画嘉兴打造标杆形象。

嘉兴南站高铁新城，以TOD模式为引领，依托未来交通枢纽新中心，实现创新活力新发展，成为面向长三角重要交通枢纽的嘉兴浙沪新城。在这里，城市与水的融合，展现了新江南的风貌；营造创新发展生态圈，展现共同富裕新面貌，为嘉兴市打造一个创新"嘉"地的文明典范。

运河湾秀水新城，以"创新灵秀地、生态运河湾"为主题，打造成为科技创新发展先导区、城乡一体融合示范区、运河水乡生态宜居城。经济开发区，则通过推进产业更新，与运河湾秀水新城联动融合发展，共同推动嘉兴的经济和社会进步。在保护城市传统风貌的基础上，总师团队的总体城市功能结构规划也为嘉兴未来的发展预留了广阔的空间。

（二）百园千泾，保护城市尺度蓝绿空间，秉承江南园林特色打造公园城市

嘉兴中心城区的空间格局，以其独特的江南水乡风貌，展现"百园千泾、九水连心"的城市格局。通过城市尺度的蓝绿空间保护、江南园林特色的古典气质传承，一派公园城市美丽画卷正在嘉兴缓缓展开。"九水连心"对内形成蛛网状水系脉络，呈现出明显的水网密布、水绿交融的江南水乡风貌。嘉兴古城和南湖作为核心，如明珠一般镶嵌在这片水网密布、水绿交融的土地上。中心城区的十大湖泊——麟湖、秀湖、琴湖、西南湖、南湖、秦湖、穆湖、未来湖、科学湖、槜李湖，如同散落的珍珠，点缀在这片水乡的每一个角落。北部湖荡湿地水乡，以其丰富的水域面积和众多的河流，展现了江南水乡的韵味。12个面积在1000亩以上的湖泊，占总面积10.7%的水域面积，1400条大小河流，13802千米的河道总长度，这些都是嘉兴独特的自然景观，也是这座城市独有的生态资源。

嘉兴中心城区的园林众多，大量综合公园和专类公园的建设，是对城市生态和人文关怀的深刻理解。其中，城市专类公园所强调的主题功能展示和体验，城市综合公园所强调的城市公园景观展示，满足了城市居民和游客的多种不同需要。从现状公园的规模上，26个公园面积基本在2公顷以上，

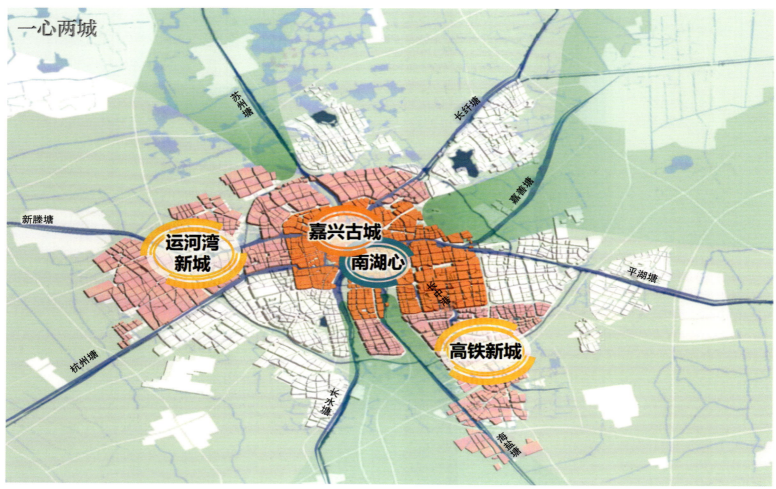

图 5-12 嘉兴中心城区"一心两城"示意图

展现了嘉兴中心城区公园的规模和多样性（图 5-13）。

中心城区小于 2 公顷的公园数量占比约 24%，大于 2 公顷的公园数量占比约 76%，大型公园数量较多，且园林与居住呈现倚园而居、环园而居、枕园而居和拥园而居的和谐关系（图 5-14）。在保护城市尺度的蓝绿空间的同时，总师团队还秉承江南园林特色，以"九水连心"串联"百园千泾"，致力于打造公园城市，展现嘉兴的历史文化底蕴和人与自然和谐共生的美好图景。

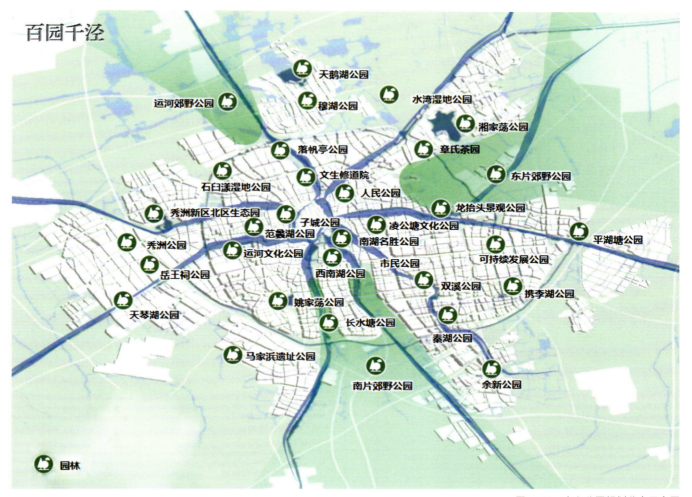

图 5-13　嘉兴公园规划分布示意图

图 5-14　嘉兴公园园林与居住的和谐关系示意图

第二节　着力品质提升，促进城市整体更新

Focusing on Quality Improvement and Promoting Overall Urban Renewal

一、构筑蓝绿生态韧性基底

Building a Resilient Base for Blue-green Ecology

（一）水系廊道为骨，水绿珠联蓝绿共生，打造"三楔九水十湖百园千泾"的蓝绿系统

在嘉兴，总师团队着力城市品质提升，促进城市整体更新，其中的首要任务之一即为保证构筑城市的蓝绿生态韧性基底。在生态城市规划的背景下，面对国内外气候变化的挑战，总师团队在嘉兴以水系廊道为骨，用"水绿珠联"的理念构筑了蓝网、绿网相呼应的生态韧性基底。水系廊道成为城市的脊梁，绿网则串联起城市的每一个角落，共同构建了嘉兴特色的公园体系（图5-15）。依托嘉兴水乡的生境本底，总师团队打造了"三楔九水十湖百园千泾"的蓝绿系统，这是对江南水乡特色的深刻理解和创新实践。郊野公园、城市专类公园、综合公园、社区公园等多种类型的公园，共同构成了一个独具魅力的水绿江南风貌。我们希望实现"嘉兴园林赛苏杭"的生境目标，突出水绿江南地方特色，这也正是对嘉兴未来生态城市形象的生动描绘。

（二）空间缝合，优化公共空间，打造水绿江南地方特色

在总师模式的核心引领下，我们对城市的公共空间进行缝合优化，以打造具有水绿江南地方特色的国际品质生态园林城市。在优化嘉兴城市公共空间方面，我们专注于城市公园、广场、街道、文体、滨水空间等公共空间的重点营造（图5-16），梳理和提炼出城市园林化建设的空间结构，并推导

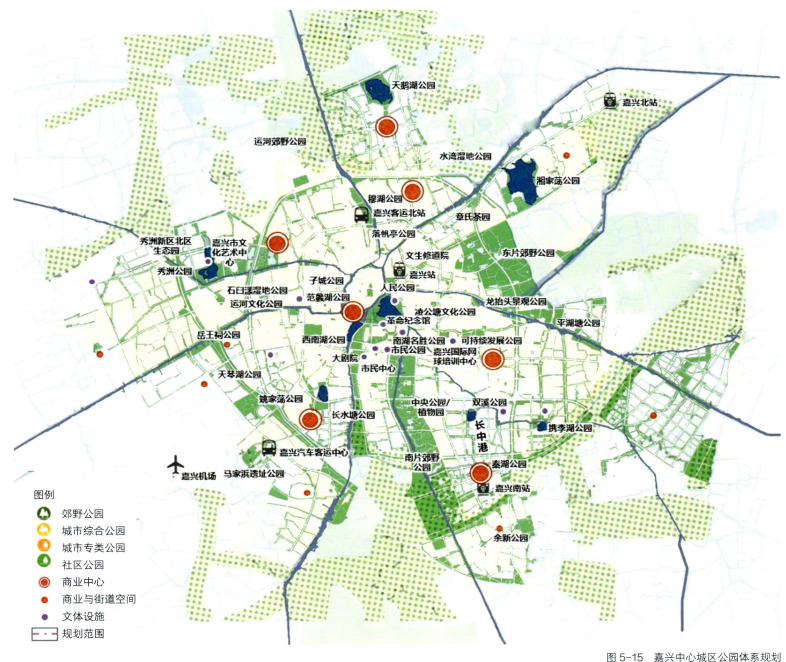

图 5-15 嘉兴中心城区公园体系规划

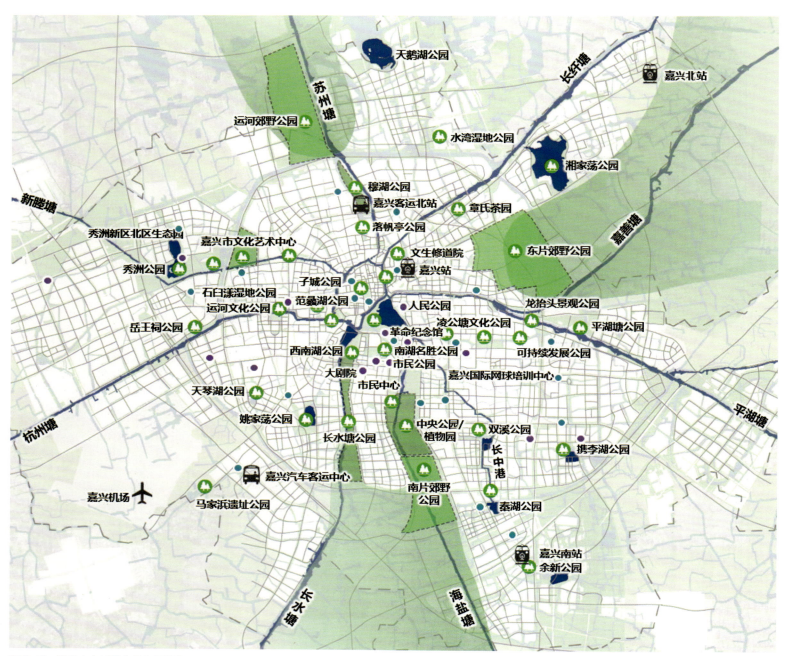

图 5-16　嘉兴中心城区公共空间优化

出一系列指标体系。对空间的处理工作不仅仅是规划和设计，更是对城市文脉的深刻理解和对生态宜居理念的深入贯彻。我们旨在打造一个既彰显生态宜居特色的水绿嘉城，又展现越韵吴风特色的运河名城，实现具有国际化品质的江南水乡生态园林城市建设目标。未来的嘉兴，将呈现"城在绿中、绿在城中"的城市园林绿化景观风貌，生动诠释城市公共空间优化理念，实现现代城市发展与生态文明建设的和谐探索。

二、重塑城市功能服务体系

Reshaping the Urban Functional Service System

（一）水陆复合交通互联

总师团队关注嘉兴以水营城多种交通互联方式，旨在打造一个水陆复合的立体交通网络，构建公交、慢行、轨道交通、特色交通系统等绿色、高效、立体的多式联运体系（图5-17）。这样的体系不仅能够重塑社区公共服务体系，还能推动城市多项功能的完善。

嘉兴的道路网络被按街道性质分为三类：门户枢纽核心衔接通道、主要目的地路径通道、特色文化街道。这些道路的优化和完善以及综合交通枢纽的建设，将实现不同交通系统之间的无缝换乘，确保交通的便捷和高效。此外，总师团队还计划在嘉兴构建一个包括轨道、水上和路网在内的多系统协同的绿色、高效、立体交通网络。水上巴士和有轨电车等公交形式将被补充进来，以丰富特色交通出行体验。未来，嘉兴的道路交通系统将形成"三环多射网格状"的骨架路网，并差异化完善支路网。轨道交通系统则将构筑"网格放射＋环线"的骨架网络，通过调整轨道线位、完善系统和优化线路设计，提高站点覆盖率。水上交通系统方面，总师团队计划构建"两环九射"的水上交通系统，以提供特色体验和通勤服务，并对长中港航道的线位进行优化、补充、调整。通过这些措施，嘉兴将不断着力推动特色交通的发展，并依托生态蓝绿网和现状绿道网基底，串联形成城市生活公共服务网，同时串联起彰显城市个性的文化故事网，形成"四网融合"的绿道系统，提供更加绿色、健康的出行选择。

（二）强化水上交通特色，以驿站、码头、站点串联城市节点空间

在具体的水上交通规划中，总师团队充分发挥独特的创意和智慧，设计了一系列魅力系统项目，旨在强化水上交通的特色，以驿站、码头、站点串联城市节点空间。结合水上交通对于桥和驿站进行研究，统筹其与通航要求之间的关系，设计了"嘉百桥""禾城驿""禾城码头"等魅力系统项目，使城市文化与现代生活需求巧妙融合。

"嘉百桥"项目充分利用了嘉兴内河航道的特性，规划了适应性强、实用性高的内河码头泊位。嘉兴市的内河航道大多数是限制性航道，河道顺直，水流含沙量较少，多年来河床冲淤变化不大，从水域条件看几乎所有的航道两侧均为宜港岸线。三角洲平原河网地带地质以黏土为主，易于开挖，只要后方陆域和集疏运条件优越，均可采用挖入式港池的形式建设内河码头泊位。这不仅是对嘉兴水系资源的有效利用，也是对城市水上交通网络的重要补充。

"禾城驿"项目则是一个多元化的亲水活动空间规划。植入竞技类、休闲类、体验类、科普类等亲水活动空间，对部分水系岸线进行处理，根据不同水上活动的需求，改变水岸形态，多方面开发利用滨水空间，使水系岸线变得更加生动和有趣。"九水"沿线规划46个服务驿站，并按服务功能、景观资源、场地空间划分为3个等级，其中一级驿站5个，服务间距5~8千米；二级驿站11个，服务间距3~5千米；三级驿站30个，服务间距1~2千米。这样的设计，充分考虑了服务功能、景观资源、场地空间的合理配置，为市民和游客提供了丰富多样的亲水体验。

"禾城码头"项目则是对嘉兴湖泊众多、河道纵横的特色格局本底的有效利用。嘉兴"开门见河、出门摇橹"的生活方式与独特的水乡风光形成了极具地方特色的江南水乡形态。总师团队依托"九水十八园三十六景"，提出了"绿化、亮化、活化、文化、净化"五大策略，旨在从滨河景观、沿岸灯光、水上活动、诗文节点、水质安全入手，提升"九水"品质，打造各水系特色景观。活化策略的提出是对水上交通组织和亲水活动空间规划的深度思考，进而从满足休闲旅游等需求、补充城市公共交通体系两个角度出发，我们还提出在"九水连心"系统上构建水上交通流线，并结合主要景观节点，规划设置码头。这类项目将极大地丰富了嘉兴的水上生活，提升了城市的整体品质，不仅体现了总师团队对嘉兴水乡特色的深刻理解和创新实践，也是对城市可持续发展和居民生活质量的深情关怀。

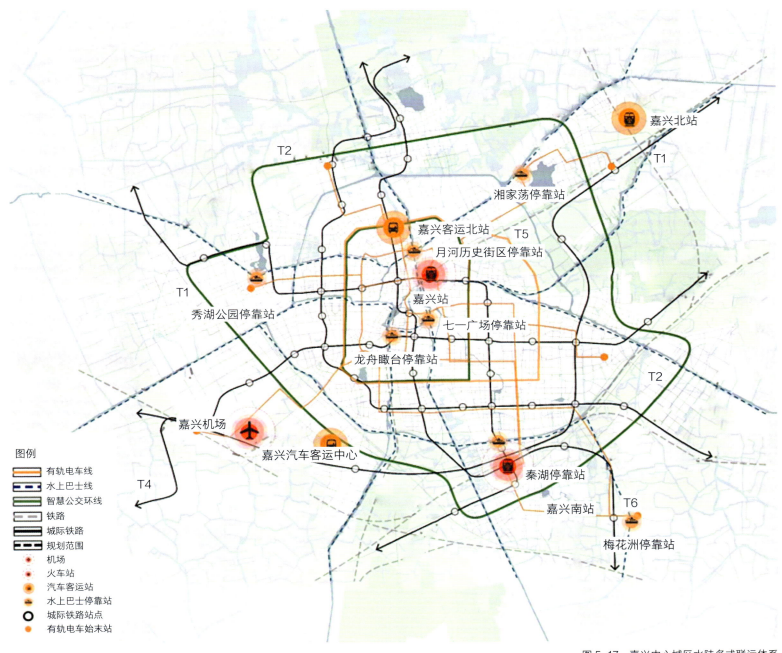

图 5-17 嘉兴中心城区水陆多式联运体系

三、构建高效低耗发展模式

Building an Efficient and Low-cost Development Model

（一）加强九水周边城市更新

嘉兴的"九水连心"城市规划，不仅仅是对城市空间结构的重塑，更是一场深层次的生态价值转化和城市更新的革命。在这场革命中，"九水十湖"被赋予了新的定位功能，成为生态、产业、城市三者融合的典范，创造出一种高效、低耗能、高附加值的全新城市发展模式。在城市更新的过程中，总师团队基于对现有规划和建设项目的细致梳理，通过"找点连线带面"的方式，实现了水与城的和谐共生。"九水"周边的城市更新、慢行绿道的建设以及与城市中心的联动，都在不断强化"九水"的能级集聚，激活水岸空间的独特魅力（图5-18）。重点项目的设计和建设，如"嘉百桥""禾城驿"等，都在致力于打造充满江南水乡活力的城市空间。

"九水连心"区域城市更新重塑"九水连心"城市空间结构，进一步凸显嘉兴江南水乡活力空间。在这一空间结构中，邻水的亲密街区被设计为基本单元，"以人为本"的综合服务功能得到提升。生态环境、公共空间、居民家庭、城市建筑、历史文化、社会服务、经济发展、江南园林特色等要素在这里有机融合和强调，形成了一种适宜嘉兴城市发展的公共开放、尺度适宜、窄路密网的亲密街区模式，谋划独属于嘉兴的未来的城市空间格局。

通过对"九水连心"沿线用地潜力和交通的优化分析，总师团队初步确定了"8+8"近期重点更新开发地段，并因地制宜地开展了城市有机更新。这样的更新不仅优化了用地布局，提高了土地利用效率，还提升了出行及生产生活的品质，激发了城市的内在活力。同时，总师团队还综合分析嘉兴市域的物质空间要素和更新动力要素，划定了8个"潜力更新提质片区"。这些片区的主要更新内容包括两大方面：首先是对建筑物等硬件的改造；其次是对各种生态环境、空间环境、文化环境、视觉环境、游憩环境等的改造与延续。通过这些更新，最终希望恢复旧城区活力，并使嘉兴成为一个更有生机和竞争力的现代化城市。

（二）构建"三环串联、八大片区、多层级核心"的空间布局，有效组织、联动各级中心，提升都市活力

嘉兴的空间布局规划被总师团队描绘

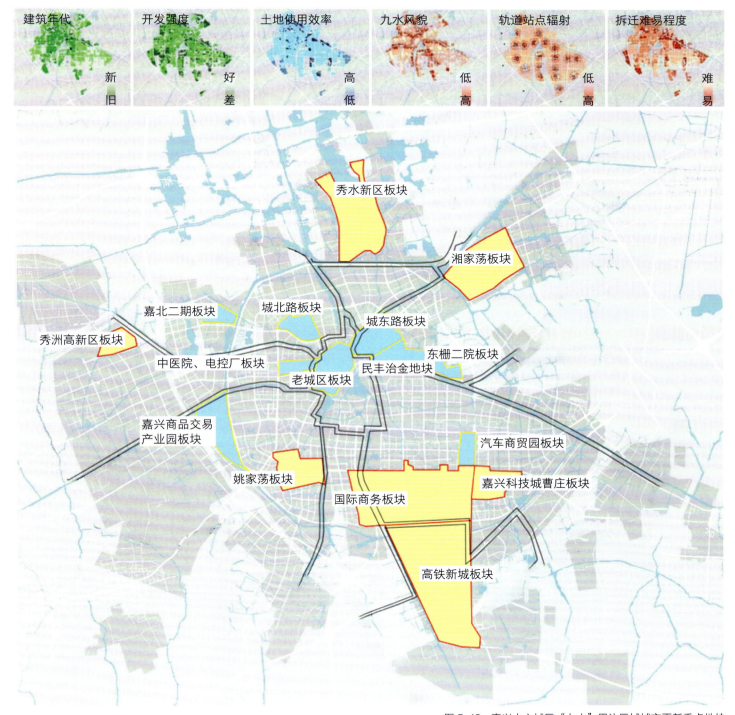

图 5-18 嘉兴中心城区"九水"周边区域城市更新重点地块

图 5-19 嘉兴中心城区空间布局优化分析

为"三环串联、八大片区、多层级核心"（图5-19），这将有效组织、联动各级中心，提升都市活力。在这幅画卷中，内环被打造成为文化环，这里是嘉兴历史文化的精华所在，是城市文化的灵魂；中环则被打造成为城市生活环，这里是市民生活的中心，是城市的活力所在；外环则被打造成为产业环，这里是嘉兴经济发展的引擎，是城市未来的希望。"三环串联"的空间布局同时也被有效的交通组织贯通，联动了各级中心，充分发挥城市多要素的流动性。

基于"九水"和城市中心的构架，我们巧妙地将"九水"融入城市空间布局中，使得水系与城市共生共荣；"八大片区""多层级核心"的规划，更是为保有每一个片区独特的功能，它们共同构成了嘉兴这座城市的多元文化和发展动力。文化、生活、产业相互融合、相互促进，以更好地展现嘉兴作为一个现代化、生态化、文化型城市的独特魅力。

四、凸显江南建筑风貌特色

Highlighting the Architectural Style and Characteristics of Jiangnan

嘉兴的城市风貌规划宛如一幅色彩斑斓的画卷，总师团队以其独特的视角和创意，为这座城市描绘了7类特色风貌区（图5-20）的美好图景，以推动公共空间精细化与艺术化塑造，古今交融着力强化特色街巷塑造，彰显建筑风貌特色。

其中，历史文化风貌区是这幅画卷的底色，它展现了嘉兴江南水乡的气韵和丰富的历史文化特质。在这里，每一座古建筑、每一片古街巷，都是历史的见证，都是文化的传承。

九水景观风貌区，则如同画卷中流动的笔触，结合九水及周边岸线，打造了不同主题的生态景观风貌，形成了一个嘉兴风貌景观的集中展示区域。在这里，水与城市、历史与现代、自然与人文，完美融合。

枢纽都市风貌区，展现了高铁新城都市文化景观的综合风貌。在这里，高楼大厦与时尚商业的结合，展现出现代化都市的活力与魅力。

科创湖荡风貌区，则以城市科技创新精神为主体，展现嘉兴城市的创新与发展。在这里，科技与生态、创新与传统，相互融合，共同发展。

品质宜居风貌区，主要展现城市品质生活。在这里，每一处公园、每一条街道，都充满了生活的气息，都展现了城市的

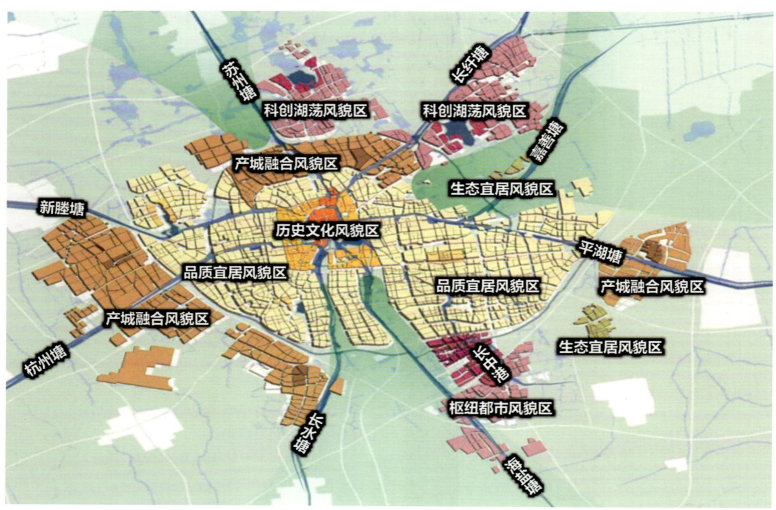

图 5-20 嘉兴中心城区特色风貌分区

宜居品质。

产城融合风貌区,则展现了城市工业文化的主体风貌。在这里,工业与城市、生产与生活,相伴相随,互利共赢。

生态宜居风貌区,主要展现外围城镇特有的湖荡水乡生态景观综合风貌。在这里,结合湖荡地区水网密布、河道纵横的特色,打造了塘浦水乡郊野风貌的生态美景。

第六章 分类管控
Chapter 6 Classification Control

在嘉兴这座充满活力的城市，总师团队正以其前瞻性的"分类管控"规划理念，引领着城市发展的新潮流，追求规划的高效实施与科学发展。为了提高城市规划的落地性，促进城市空间的科学利用和资源的合理布局，嘉兴构建了一个全域全要素精准管控、全域综合整治、全生命周期管理的实施管控传导系统。在这个系统中，国土空间规划和城市设计的"1+1"模式，双璧紧密结合，形成强大合力。这个系统不仅关注空间的科学利用，更着眼于资源的合理布局。它如同城市的"神经中枢"，推动规划理念和目标自上而下、由点到面的精准纵向传导，确保每一项规划都能精准实施，每一张蓝图都能一绘到底。

在国土空间规划这幅蓝图中，总体规划如同一位智慧的舵手，引领着专项规划和详细规划这"两翼"，共同构建了一个三级三类的国土空间规划传导体系（图6-1）。它不仅仅是纸上的线条和色块，更是城市发展的"生命线"和"血脉"。而城市设计的传导，则以市域总体城市设计为灵魂，以详细城市设计和城市设计专项指引为支撑，形成一套具有嘉兴特色的管控传导体系，国土空间规划和城市设计两者相互交织、相互促进。同时，国土空间规划和城市设计的构架也得以融会贯通，共同构成一个有机的整体，让规划的每一步都走得坚实而清晰，共同推动着城市的高质量发展。

具体而言，总体城市设计的管控传导扮演着至关重要的角色，它不仅是引领城市高质量发展的航标，也是提升空间品质与人本体验的密钥。在这一关键顶层设计环境，从整体宏观层面出发，对城市结构、空间形态、风貌特色以及空间环境进行总体性、系统性的管控，确保每一寸土地都能发挥其最大的价值。嘉兴市域总体城市设计的分级传导与分类管控，注重构建全域的管控传导框架，以善治思维为引导开展顶层设计，通过建设价值共识和层级、

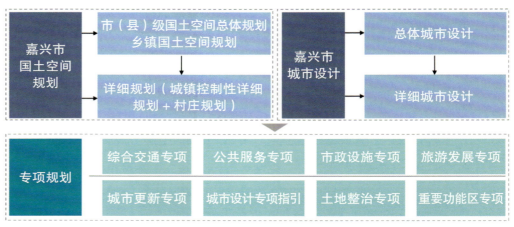

图 6-1 国土空间规划和城市设计"1+1"的管控传导系统

分类指引，确立清晰明确的意图导向。这种导向形成了可量化、可追溯的目标要求，确保了规划目标的明确性和可实施性。最后，通过专项研究、具体行动和重点板块的设计，总体城市设计的理念得以落到实处，赋予规划生命的活力。

在这一过程中，嘉兴市域总体城市设计的管控与传导，充分而巧妙地与国土空间规划的城镇空间、农业空间、生态空间三种类型空间的底线约束相结合，形成了一个严格而灵活的规划体系（图 6-2）。它将市域整体空间战略和重点板块要素统筹划分为两个层次，首先对城市整体空间形象的结构性要素进行了精细的梳理，进而形成了分系统、分区、分类的控制引导要求。通过空间管控引导与项目行动结合的方式，嘉兴构建了市域和中心城区层面的

"总体框架—特色分区—空间界面／控制要素"三大维度的分级管控传导内容，以及"3+1+N"的传导行动体系，从而形成对城市形象定位、空间格局、空间形态及公共场所等内容精确的控制引导要求，保障了城市特色的战略锚定、差异化的要素导控和自下而上的空间营造。

其中，市域层面的特色框架管控显得尤为精细和周密，它以蓝绿管控体系、形态管控体系、综合交通体系、公共空间体系、眺望廊道体系等 7 大框架为基础，构建了"7 框架 +17 管控传导体系"的分级分类管控体系。这个体系支撑起了一个有序、和谐、生态友好的城市空间结构骨架，确保了城市发展的可持续性。针对中心城区，总体管控传导则更加注重细节的打磨和特色的凸显，它以格局骨架、形态风貌、空间界面、

城市特色4大框架为基础，形成了"4框架+17管控传导体系"的分级分类管控体系（图6-3），突出强化了中心城区特色风貌的结构性内容。通过国土空间规划和城市设计"1+1"的管控传导、市域层面特色框架管控的精细化管理，从不同尺度塑造着嘉兴的城市肌理，使得这里的每一处建筑、每一条街道、每一片绿地都成为展现城市魅力的窗口。

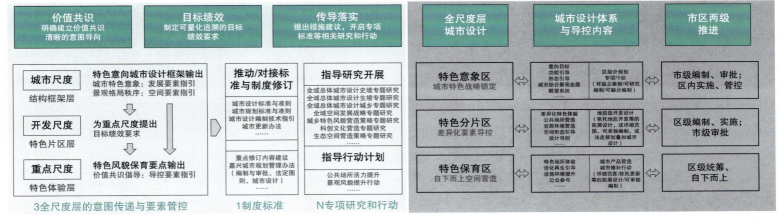

图6-2 嘉兴市域总体城市设计传导层次示意图

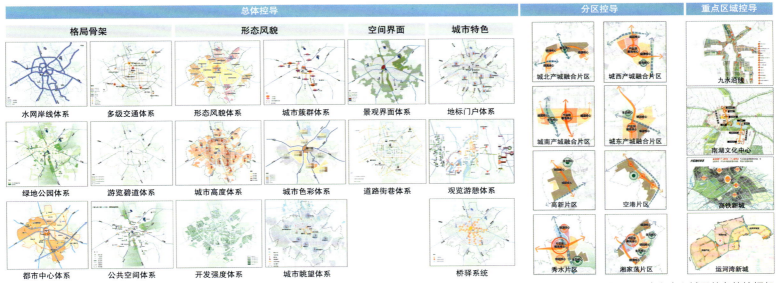

图6-3 嘉兴中心城区特色管控框架

第一节 "一控规多导则"管控传导体系

"One Control Plan with Multiple Guidelines" Control Transmission System

在嘉兴的城市规划实践中，总师模式下的"一控规多导则"管控传导体系的管理创新显得尤为引人注目。为了保障城市建设能够长期保持高水平运行与有效管理，总师团队提出了一种将城市设计与法定规划相结合的管理方法。这种方法依托于"控制性详细规划"，并创新性地进行法定规划与行政手段结合，形成"一控规多导则"的管理策略。在这种策略的嘉兴实践中，"一控规"即是控制性详细规划，而"多导则"则对应了包括城市设计导则、土地细分导则和生态城市导则的"三导则"。

具体而言，"一控规三导则"管理机制的创新，不仅实现了城市通则管理的法定化转换，而且为城市设计的科学、高效管理奠定了坚实的基础。对于"一控规"而言，在控制性详细规划的编制过程中，充分具备了"城市设计同步"的"自下而上"方式与国土空间总体规划分解的"自上而下"方式相结合的创新特点。"一控规"以控制性详细规划为依据，以"控规单元"编制模式进行管理，在单元层面落实技术设施布局和公共设施布局，同时兼顾土地的兼容性。对于"三导则"而言，针对控制性详细规划二维"规划指标管理"难以适应城市发展需要的问题，总师团队又创新性地将城市设计转化为"土地细分导则""城市设计导则""生态城市导则"，依据"总量控制、分层编制、分级审批和动态维护"的总体思路，形成了"一控规三导则"的特色管理机制，将三者共同纳入规划管理体系。

在"一控规三导则"的管理体系下，"三导则"则各具特点优势，不断推进城市设计的规范化与法定化。"土地细分导则"将控规单元指标分解到"地块"形成土地出让指标、开发强度指标、"五线"等规定，并通过这些规定，形成了对地块开发规模和基础设施支撑等的二维控制。"城市设计导则"是规划管理通则，主要通过对空间形态的控制，管控城市三维空间的风貌和形象。其以"单元"和"地块"为基本单位，提出空间形态控制原则和策略，从而可以实现"技术文件直接指导确定地块的开发条件"的快捷优势，实现对城市风貌、建筑特色、环境景观、公共空间等城市空间环境的控制和引导。"生态城市导则"则通过规划设计策略研究，充分营造与利用生态优势，将生态低碳等指标内容落实，并转化为城市价值，构建生态低碳城市的环境品质塑造。土地细分导则、城市设计导则、生态城市导则同时进行编制，实现了彼此间的相互印证与成果融合，在一体化管理中共同运作并不断完善，从而确保嘉兴的城市规划既科学又高效，既符合法律规范又贴近市民需求，既展现了城市的独特风貌又保护了城市的生态环境，得以助力城市可持续发展的美好愿景。

第二节 "建设管控导则"指引一般性综合管控

"Building Control Guidelines" Guidelines for General Comprehensive Control

一、编制九水建设管控导则，塑造"九水连心"城市空间结构，管控嘉兴江南水乡活力空间

在嘉兴市的城市规划实践中，总师团队提出以"建设管控导则"指引一般性综合管控，对水系的精心规划与管控彰显了总师总控模式的制度优越性。为了塑造充满活力的江南水乡空间结构，总师团队在嘉兴提出了编制"九水建设管控导则"的策略（图6-4），旨在加强"九水"两侧与滨湖周边的空间管控，塑造"九水连心"的城市空间结构，管控嘉兴江南水乡活力空间，打造水与城和谐共生的亲水城市空间风貌。

在总师模式下，"九水"建设管控导则的核心是对城市主要景观界面进行管控。通过这一策略，我们希望为嘉兴塑造出地域特征鲜明、景观风貌卓越的城市典型景观界面，以此提升城市的风貌感知度。在编制"九水"建设管控导则过程中，我们加强了对"九水"两侧与滨湖周边的空间管控，根据不同等级河道特征，对各级河道的滨水区退线进行了精细化的分级管控，确保形成了水与城积极互动的亲水空间风貌。

对于一级河道，特别是京杭大运河，嘉兴严格遵循大运河的保护与规划要求，确保历史文化遗产的保护与传承。而对于其他一级河道，则在城市的不同区域设定了不同的绿带宽度，如外环以外（包括外环）设置50米绿带（特殊段结合已批控规），外环至中环之间（包括中环）设置30米绿带，中环至历史名城保护范围之间（包括内环）设置15米绿带，以此形成层次分明、生态友好的滨水空间。对于二级河道，我们同样注重其生态功能的发挥，设置了8~15米的绿带，并在历史名城保护范围内严格按照保护规划进行控制。而对于三级河道，则统一设置了8米的绿带，确保了水系的生态连续性和城市空间的和谐统一。通过九水建设管控导则的制定和实施，不仅保护和提升了嘉兴城市的自然生态，还增强了城市的文化内涵和景观特色，使得每一位市民和访客都能在水系的环绕中感受到江南水乡的独特魅力。

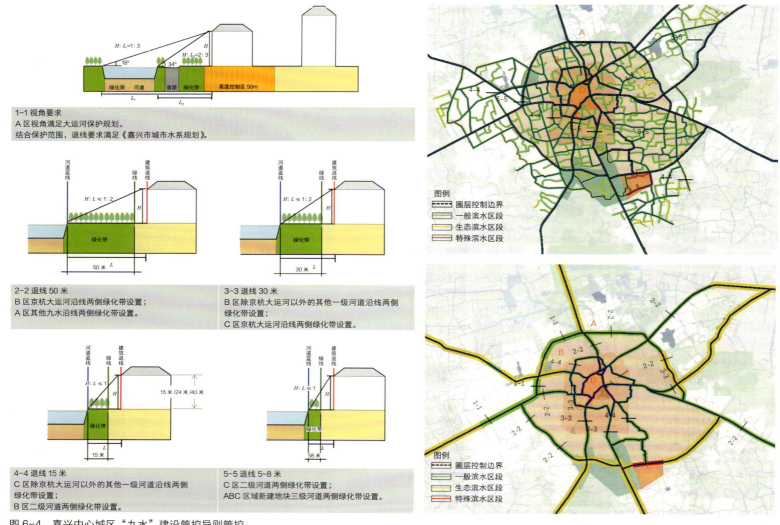

图6-4 嘉兴中心城区"九水"建设管控导则管控

二、编制建筑风貌导则，分区分类施策，管控传导城市风貌

通过总师总控的模式创新，沈磊总师团队谋划传承嘉兴历史文脉，彰显嘉兴建筑特色，顺应时代发展，坚持世界眼光。总师团队在嘉兴编制建筑风貌导则，分区分类施策，管控传导城市风貌，用细腻而有力的笔触，勾勒出嘉兴的绿色生态轮廓，描绘出这座城市的历史文脉和未来愿景。水网"红船"下的嘉兴，以其独特的"红船魂、运河情、江南韵、国际范"特色定位，成为具有国际化品质的江南水乡历史文化名城典范。编制建筑风貌导则，管控传导城市风貌，我们的编制内容不仅仅是一纸文件，它是一份对城市未来的承诺，一份对历史遗产的尊重，一份对自然环境的呵护。总师团队提出"圈层抬升、疏密有间、逢水必退、尺度宜人，水乡

风韵、嘉禾特色"的控制原则,结合不同建筑类型,根据引导区和引导带进行差异化管控(图6-5)。管控内容主要涉及整体空间形态、水系节点、建筑退线、建筑高度、城市界面、滨水界面和夜景照明等(图6-6)。

这其中,整体空间形态的管控,犹如画家的笔触,细腻而又大胆,确保了滨河生态环境与城市建设空间的交织融合,绘就了一幅层次丰富、高低错落、景观良好的城市空间形态。建筑退让的空间管控,如同棋盘上的布局,提出城市九大水系主干河道的沿河绿化带距离不宜小于5米、高层建筑主要朝向退让不宜小于10米的策略,通过对沿河绿化带宽度以及高层建筑退让距离的巧妙把控,确保了城市与自然的和谐尺度。在河道两侧建筑高度和体量的设计中,建筑风貌导则主张以对岸视点仰角为主、同岸视点仰角为辅的控制原则,巧妙运用"先点式为主、再高低错落、宜前低后高"的顺序原则,塑造了既美观又人性化的滨水建筑风貌。滨水

图6-5 嘉兴中心城区建筑风貌导则管控框架图

图 6-6 嘉兴中心城区建筑风貌导则管控要点

界面城市天际线的管控规划更是匠心独运，建筑风貌导则建议组织"点式通透、高低错落"的沿河界面，相同高度连续布置的高层建筑不宜超过三幢，地块城市设计另有规定的按其专项设计的规定控制。这样能够有效避免连续布置的高层建筑带来的视觉单调感，使城市的天际线既富有变化又充满生机。滨水第一街廊的管控，则是以人为尺度，保证预留视线通廊间隔小于100米、慢行通道间隔小于200米。通过以人视角精心预留的视线通廊和慢行通道，促进滨水空间既形成良好的可见性，又保证了市民的可达性。建筑风貌导则的分区分类施策，用灵活人性化的技术指导城市分区风貌形成，将嘉兴的自然特色、历史文脉和现代发展紧密结合，城市的轮廓更显灵动与生机。

三、编制城市设计指引，在土地出让之前对地块开展详细研究，作为行政引导性文件落实公共管理要求

在总师总控模式的引领下，沈磊总师团队还创新性地为城市编制设计指引，以便在土地出让之前对地块开展详细研究，作为行政引导性文件完整落实公共管理要求。在这一模式下，"城市设计指引"前置研究创新性地成为一项重要的行政引导性文件。作为前置研究，它为开发企业提供了明确的城市规划管控要求，成为出让地块编制规划设计方案的重要参考。通过构建"土地出让条件"的法定刚性约束与"城市设计指引"的弹性引导管控相结合的双重创新管理手段，"城市设计指引"的综合模式既保证了规划的严肃性，又为城市的可持续发展提供了灵活性。

具体而言，"城市设计指引"，是近期实施地块层面的详细城市设计的管理方法。它不仅仅停留在纸面上，而是一种具有针对性、落地性的技术成果和管理依据。"城市设计指引"由规划与土地行政主管部门联合发文，是土地出让中与规划条件并置的要件。虽不直接纳入国有建设用地使用权出让合同，但这一指引的行政约束力不容忽视。"城市设计指引"确保了城市规划的有序实施，更为城市的长远发展奠定了坚实的基础，它如同城市的指南针，引导着开发企业朝着规划的方向前行。

第三节 "规建管运服"五位一体重点统筹

"Planning, Construction, Management, Operation and Service" Five in One Key Coordination

在嘉兴的城市规划实践中,"规建管运服"五位一体的重点统筹机制,特别是对于建设实施阶段的管控,是城市总规划师模式把控项目高质量落地的关键保障。这一机制深入到建设实施阶段的每一个细节,主要涉及的内容从片区设计总控到重大项目建设,从城市品质提升到建筑设计方案的实施总控等等。"规建管运服"五位一体的重点统筹机制,以全要素、全过程为目标,对重点实施项目进行精细化管控,通过专业与技术进行筛选、整合、互通集成与优化,促进专业技术与最优技术的集成。

实现规划和建设的落地关键首先要有良好的规划蓝图。而在总师制度下,规划不再是静态的蓝图,而是一个开放性、持续性、动态的规划过程。首先,对每一个规划重点板块,都在充分进行"本底规划研究"的基础上,进行国际方案的征集,集聚全球优秀的智慧于一张蓝图,共同绘制嘉兴发展。其次,通过健全贯通、整体把控的机制,从规划研究到编制、管理再到实施的全过程把控,确保了规划与设计能够一以贯之地落地,并在整个实践过程中不断完善和深化原有蓝图。同时,专业团队良好的技术整合水平与能力,使得每一个重点板块的规划都涵盖了众多专业的专项规划或专项技术,极大地丰富了统筹管控的全面性和可实施性。

规划的建设实施同样具有整体性的特点,其总体统筹与管控体现在抓牢"横向到边、纵向到底"这一建设实施过程的原则上。"横向到边",意味着总师总控过程中需形成建筑、景观、交通、市政、生态等多专项、全覆盖的整合性管控,保障技术以"最优目标"有效选择或集成。"纵向到底",则是实现了规划、建设、管理、运营、服务,"规、建、管、运、服"的全生命周期的有效资源配置。嘉兴通过建设实施总控,宏观协调城市总体风貌,精准选址落位重大项目,细致把控建筑设计方案和景观设计品质。在总控阶段构建工作平台,形成工程层面的协同,实现"一张蓝图绘到底"的高质量呈现。

在总师模式下,嘉兴集合了良好的蓝图,更拥有了贯彻始终的机制和技术整合的能力与水平。通过构建"规建管运服"五位一体的重点统筹机制,使得嘉兴重点板块的建设呈现出高水平、整体性的特点,这是嘉兴总师模式在观划建设落地方面的重要探索,也是中国城市规划的一次向外开拓和全过程把控的创新实践。

NINE WATERS CONVERGE INTO ONE HEART

Jiaxing Urban Planning and Construction Chief Planner Demonstration

Next Article

PRACTICE BUTTERFLY TRANSFORMATION

下篇

实践蝶变

第七章 总师总控
Chapter 7　Chief Engineer and Chief Controller

第一节　"三六九"城市行动纲领
"369" Urban Action Plan

在中国共产党成立百年的历史性时刻，以沈磊教授为核心的嘉兴城市总规划师团队，秉承整体论的哲学，运用总师模式，为这座江南水乡注入了新的规划活力。总师团队以嘉兴的本底规划为基础出发点，通过开展宏观层面的市域总体城市设计、中观层面的"一控规三导则"制定和微观层面的城市设计指引，对嘉兴市进行全域全要素的整体研究。运用宏观、中观、微观三个层级的规划手段，总师团队全方位地勾勒出嘉兴的未来蓝图，通过精心编织与把控嘉兴独特的水城肌理，构想出"九水连心"的城市结构，布局"一心两城"的空间格局，控制"圈层抬升"的城市形态，营造"百园千泾"的生态景观，旨在打造一个生态文明建设与理想人居环境完美融合的典范城市，再现"嘉兴园林赛苏杭"的江南水韵风情。

为了推进城市蝶变，高质量呈现这一宏伟蓝图，城市总规划师团队进一步提出"三六九"工作纲领以统筹工作部署（图7-1）。这一纲领以"党的宗旨的体现，国家战略的落实，不忘初心的行动"为"三"大重点；同时确立了"以生态文明为引领，推动城乡融合发展，促进产业兴旺发达，传承历史文化精髓，实现区域统筹进步，提升人民幸福感"的"六"大方面，还重点打造了"九"大核心板块。具体而言，在九水连心、江南慢享古城、革命纪念馆中轴线、重走"一大"路、南湖周边风貌、人居环境综合整治、湘家荡科创园、城乡融合北部湖荡区、高铁新城九大板块（图7-2）的打造中，团队积极顺应与衔接了国土空间规划技术标准体系重构大局的新要求，从"顶层谋划、全局规划、管理贯穿、项目策划、实施把控"5个层面完成了嘉兴整体战略格局和空间布局的全面谋划，确保"百年百项"重点工程的高质量实施推进。在红船起航的这片热土上，嘉兴市城市总规划师团队以创新的规划治理实践，实现了城市面貌的快速蝶变。以"一年成型、三年成景、五年成势"为目标，总师团队努力用规划之力推动人居环境的健康、和谐与可持续发展，展示了"品质嘉兴"的重点规划与建设成果，深情礼赠党的百年华诞。

图 7-1　嘉兴"三大重点、六大方面、九大板块"城市行动纲领

图 7-2　嘉兴"九大板块"城市具体行动

在嘉兴整体的规划图景中，九大板块如同九颗璀璨的明珠，镶嵌在"一心两城三环，九水八片十湖"这一独特的空间格局之中。其中，"一心"是指老城和南湖共同构成的嘉兴城市文化中心。老城与南湖的交融，不仅承载着革命纪念馆轴线的庄严，南湖周边风貌的秀丽，还融合了江南慢享古城的韵味和"重走'一大'路"的红色记忆，这些重点板块的活化与再生，让嘉兴的历史脉络焕发新生，展现出古今交融的崭新格局。"两城"则是嘉兴城市发展的两大引擎，城乡融合北部湖荡区板块秀水新城和嘉兴南站高铁新城板块的快速建设，分别以EOD模式和TOD模式为引领，充分发挥了嘉兴的生态本底优势和区域交通综合枢纽优势，成为推动嘉兴发展的新鲜动力。而"九水连心"板块，则围绕"九水连心"的城市独特空间发展格局，打造了一系列滨水标志性景观、建筑规划和城市更新项目。这些项目重塑了城市生态优先的构架，促进了人与自然的和谐共生。"八片十湖"板块的落实，则是人居环境综合整治和湘家荡科创园等重要内容的体现。总师团队在"八片十湖"空间格局中充分吸引了高新技术院所的入驻，为科创产业的转化提供了全新动能。随着这些重点板块工作的深入开展，一系列院士大师的优秀设计成果也相继涌现，从重走"一大"路板块的嘉兴火车站、鸳湖旅社、狮子汇渡口等红色印记，到江南慢享古城板块的府前街、少年路、月河老街等文化历史街区；从湘家荡科创园板块的南湖实验室、中电科南湖研究院等重要科研院所，到南湖周边风貌板块南湖天地的绢厂改造、图书馆精品项目串联……每一个项目都是对"三六九"工作纲领的一次积极落实，更是对嘉兴建党百年实践蝶变的一次精彩诠释。

第二节 分类施策全过程把控

Control of the Entire Process of Implementing Classified Policies

在嘉兴这片充满活力的土地上，从古至今，无数规划师的智慧如同春风化雨，滋润着城市的每一寸肌理。总师团队，这支城市规划的精锐之师，以其高瞻远瞩的视角和精湛的专业技能，巧妙地将规划技术、管理与制度创新融为一体，为嘉兴的未来描绘出一幅生态与和谐共生的美好蓝图。城市总规划师团队是由权威技术专家领衔的一支为城市整体规划发展进行技术支撑的多专业团队。在规划治理整体背景下，沈磊教授总师团队创新规划治理机制，引入城市总规划师模式，并在嘉兴的规划实践中掌舵，以其深厚的专业素养和前瞻性视野，引领着这场规划革命，让总师总控的创新规划模式悄然改变着嘉兴发展的轨迹。总规划师所具有的功能属性，不仅是一个职位、一个系统、一个平台，更是一种全新的规划治理理念。它汇聚了"规划研究、重点谋划、设计管控、落地实施"四大特征，致力于实现城市资源挖掘，城市战略明晰，城市亮点呈现，城市价值提升，城市特色彰显。高效运转的制度模式引领着规划、建设、管理"三驾马车"，协同前行，实现了"1+1>2"的技术与管理叠加效应。

城市总规划师模式的治理机制创新，通过全过程技术把控，形成了"十大系统"的落地，有力地推动了一体化示范区的发展目标。通过深入的"本底研究"，总师团队挖掘出嘉兴的生态、人文和城市格局的创新潜力，将其转化为绿色、低碳的发展竞争力。总师团队对城市进行技术判断把握，以日常"技术管理"对行政决策进行支持，确保每一项规划都精准对接城市的长远发展。最终，在"实施总控"环节，团队更是将规划设计蓝图所蕴含的信息，一步步转化、传导、落地，让嘉兴的城市风貌和特色得以生动呈现。

为确保这幅蓝图不是"空中楼阁"，而是真正地"生根发芽、开花结果"，总师团队在规划技术、管理、制度等方面采取了一系列富有创新性和可操作性的措施，以规划的全面贯彻和实施落地为目标，以城市风貌特色的高质量呈现为己任，以响应现代化城市治理的呼唤为动力，运用整体性全要素整合的策略，结合技术管理，与系统性政府咨询意见统筹开展，织就了一张贯穿设计至实施的全过程持续性总控网络。在这张网络中，总师总控模式如同一把精准的标尺，从宏观到微观，无不体现出其精确的掌控能力。在宏观层面，其如同一位高明的棋手，布局全域城市设计、国土空间规划、战略设计研究，确保每一步都落在推动城市可持续发展的关键点上。中观层面，其又成为一位巧匠，专注于土地细分导则、公共空间导则、城市设计导则，让每一片区域都展现出独特的韵味。而在微观层面，其又化身为一位细心的绣娘，精心编织城市设计指引、土地出让条件、相关专题研究，确保每一处细节都经得起时间的考验。这种总控机制，就像一条无形的纽带，将规划设计成果从理论到实践进行纵向有效传导，确保本底规划和技术管理在宏观、中观、微观层面的管控内容得到有效承接，从而保障项目最终的实施落地成效。

总师总控模式不仅是一种理念上的革新，更是一种实践中的突破，它将行政管理和技术管理全面紧密结合，形成强大的现代规划治理模式合力。在这里，"城市总规划师"不再只是一个头衔，而是一种全方位、全过程的全系统规划建设管理服务模式，贯穿于前期定位、设计组织、规划实施、运作维护的每一个环节，确保规划建设的连续性和高效性。"管理平台"机制，作为实现整体决策、部门协同、工作统筹的重要抓手，就像一个精密的齿轮系统，将各个部门紧密地咬合在一起，确保规划实施的顺畅和高效。在规划设计上，总师团队运用总体城市设计的方法，将宏观规划与具体设计紧密结合、贯穿到底，不仅注重规划的远见卓识，更重视成果的实际落地。而在技术把控上，团队则采取"两端着力，中间管控"的规划管理策略，实现"横向到边，纵向到底"的全方位管控，确保每一个细节都符合高质量的要求。

实施总控，是确保项目高质量落地的关键。总师团队基于不同项目的系统性、全面性和复杂性，运用全生命周期理论，以整体性理论为指导，并巧妙运用现代化技术，进而协助政府主管部门有序地统筹和组织方案的征集、规划、审查等多周期工作。总师团队负责指挥把控，统筹协调政府主管部门、不同专项设计单位、不同阶段主体单位等多个不同主体之间的协同合作，并进一步总体布局从运营、开发到建设管理等各个环节的协调配合，兼顾开展建筑、景观、生态、地下空间、绿色基础设施、产业、交通、地质等多个专项之间的协同校核。这一切的努力，都旨在保证后期使用及运营的科学性、合理性和可持续性。

嘉兴在总师总控模式的引领下，正焕发着前所未有的活力。这种模式不仅提升了规划管理的效率，更确保了规划设计与落地实施的紧密结合。在这片充满生态魅力的土地上，嘉兴的城市发展既尊重了自然的绿色本底，又融入了别样的地域文化，还突显了独特的城市格局，展现出现代都市的勃勃生机。城市的未来，不应该只是孤立的设计、单纯的建设，更不能是无序的发展。在总师总控模式的智慧引领下，技术与行政深度融合，于每一个环节精准把控城市的未来，守护本真、彰显个性、提升价值。通过全方位、多层次的技术与行政协同，嘉兴的规划实践向世人展示了一个重要命题：如何在快速发展的时代背景下，既保持对自然环境、历史文脉和城市格局的尊重，又实现高质量发展以及人与自然和谐共生。总师总控模式在嘉兴的实践，无疑是对这一命题的精彩解答。

一、实施总控的系统分类
System Classification for Implementing Overall Control

嘉兴，这座江南水乡的城市，正通过总师团队实施总控的"系统分类"这一创新性的规划治理模式，经历着一场前所未有的蝶变。这场变革的核心，是其四大类重点项目的精品落地。这些项目根据其范围、规模、工作重点、参与方复杂性、标志性意义等不同因素，被细分为"城市级系统性项目、片区级系统性项目、组团级系统性项目、地块级系统性项目"。总控内容上主要涵盖城市发展框架、片区设计总控、重大项目建设、城市品质提升、建筑设计方案等方面，形成了实施总控的系统分类。

城市级系统性项目，以其对城市发展特色和空间构架的前沿把握，最具整体性和复杂性，成为城市发展的前沿阵地。它紧紧抓住区域发展格局的机遇，重点关注城市保护与发展问题，对全域全要素进行系统研究、摸清家底，对系列重点区域、地段的关键任务和方向进行目标思路的引领。"九水连心"，这个城市级系统性项目的代表作，通过对嘉兴特色水网特征、历史文化脉络、城市发展框架的精准把握，构建了一个生态优先、人与自然和谐共生的城市发展格局。它加强了沿线滨水的塑造，将水脉、文脉、绿脉"三脉"融合，串联起生态、文化、景观等特色要素，激活了连续高品质的滨水公共空间，让人们在多元尺度的园林绿化中，易于感知水乡历史的文脉场所，体验产城融合的城市更新。通过"九水连心"项目，对生态与历史文化双格局进行了锚固，在实施总控的指导下，将嘉兴打造为新时期历史文化名城的生态文明典范。

片区级系统性项目，是对城市核心保护、重要发展区域的领先谋划，最具系统性和前瞻性，以其全局的视野和细腻的笔触为城市核心保护和重要发展区域描绘出一幅幅美好的未来图景。这些项目以全面关注的视角涵盖了目标定位、工作组织模式、规划设计、技术整合、系列重大项目策划、整体实施落地的全过程高质量呈现，为嘉兴的发展注入了新的活力。南湖周边风貌整治、江南慢享古城、高铁新城、城乡融合北部湖荡区、湘家荡科创园，这些片区级系统性项目的代表，各具特色，共同构建了嘉兴的发展蓝图。其中，南湖及古城，作为城市文化内核，承载着历史的厚重，项目重点保护与复兴历史场所，打造嘉兴古城文化轴，以多元适宜的技术集合活化老城区的历史文化氛围和场所，重点关注保护空间肌理、文化资源、营造历史场所等问题，通过适用技术筛选、专项技术整合、技术互通集成，实现建设实施整体性技术最优的效果，延续传统的城市功能和场所感，彰显文化价值。北部秀水新城，以EOD模式为主导，发挥生态优势，转化带动科创产业集聚，打造江南水乡生态新城。而南部高铁新城，则以TOD模式为主导，发挥九大交通并联优势，打造区域的未来枢纽新中心、创新活力新引擎、现代江南新水乡。

组团级系统性项目是对城市或片区有长远发展意义的重大项目的先进呈现，以其凸显的标志性和拓展性，为城市的长远发展增添无限的可能。这些项目以其全面的视角和深入的谋划，重点关注多主体协同、多专项整合规划设计编制、全过程统筹技术把控与技术审核、高质量工作推进、施工落地等方面。新时代重走"一大"路、长三角国际医疗中心、北京理工大学长三角研究院属于组团级系统性项目的代表。新时代重走"一大"路项目，充分发挥特色文旅资源优势，融合红色文化内涵，结合体验式设计理念，以路径重现的方式进行空间上的文化集聚。面对多主体对象统筹、多团队技术整合、多文化节点和多要素集聚、多类型风貌协调、多功能空间属性、多效能集聚发挥等难点，项目团队发挥统筹协调作用，通过充分把控规划目标、整合规划编制，以及开展技术审查、技术协调、技术性指导规划实施等规划管理方式，促进线性文化空间多效能发挥，将重走"一大"路项目打造成嘉兴历史文化名城中最核心、最精彩的篇章，成为阅读红色文化的一张"金名片"。长三角国际医疗中心、北京理工大学长三角研究院也是提升城市服务能级，带动区域发展的重点引领性项目，以其组团级系统性项目的整体布局和把控，凸显嘉兴各具特色和向外拓展的空间结构。

地块级系统性项目是核心片区高质量规划建设的重要载体，作为城市规划与建设的微观缩影，最具示范性和时代性，为嘉兴的核心片区注入了新的活力。这些项目重点关注规划设计与技术创新、高水平工作组织与审查、高质量建设落地等方面，展示规划的精细和技术的革新。南湖天地，以其独特的商业规划，将文化与商业完美结合，打造了一个充满活力和魅力的商业中心。湘家荡南湖实验室（一期），以其创新的技术和前沿的设计，成为一个科技与艺术的交汇点，为嘉兴的科技发展注入了新的活力。高铁新城展示馆，以其现代化的设计和多元化的功能，成为展示嘉兴新面貌的重要窗口。这些建筑类项目，作为地块级系统性项目的代表，从商业、科创产业和公共服务等方面打造示范性，为嘉兴的发展提供了新的可能。

在这一系统性的实施总控分类模式下，总规划师模式的创新规划管理得到一系列有力的实践论证，在嘉兴谱写了规划实践的新篇。在中国共产党建党百年这一历史时刻，"沈磊总师团队"仅以488天的时间，从顶层谋划到全局规划，从前期管理贯穿到项目策划，全过程实施把控，高质量完成了嘉兴整体战略格局和空间布局的全面谋划，并高质量实施了"百年百项"的重点工程。在"红船"起航地，嘉兴实践了"城市总规划师模式"的规划治理创新。规划基本落成后，从民众的满意程度到领导视察、媒体报道，总师团队取得的显著成果不断被体现。2021年7月1日后，嘉兴城市规划建设成果民意调查满意度高达99%，主要建设场馆承接了多次国家活动和省市级活动，并接受了国家级媒体的报道。2021年11月2日，嘉兴市委举行了城市工作会议暨中心城市品质提升总结表彰大会，授予沈磊教授总师团队"中心城市品质提升先进集体"荣誉称号。

除此以外，总师总控的先进模式还在更多的地方生根发芽。在嘉兴嘉善县，长三角生态绿色一体化发展示范区嘉善片区三周年之际，"沈磊总师团队"以300天的时间，保护生态绿色的本底资源，传承千年吴根越角的历史文化，打造了生态文明背景下的世界级理想人居环境。总师团队高站位谋划、高起点规划、高水准设计、高标准实施、高品质呈现，形成了规划管控与治理能效的全面示范。沈磊总师60余次前往项目现场指导审查及审定，9人的总师团队实施项目全过程把控，通过技术审查与审定、样板审查与审定、材料封样，进行全过程综合管控，共组织技术审查会议90余次。以嘉善高质量呈现"金色大底板"这一有力实践例证，全面示范了嘉善片区的规划、建设与治理的能效。

二、实施总控的核心优势

The Core Advantages of Implementing Overall Control

（一）专班推进的工作组织模式

为进一步提升各类项目的建设质量，强化规划设计、业态策划、招商运营、工程实施之间的衔接与磨合，确保各项工作的高效顺利推进，总师团队建立了一个线上与线下相结合的"管理平台"，以形成专班推进的工作组织模式。"线上管理平台",是一个以日常工作管理为目标的分部门共同工作平台。在这个平台上,各部门基于分工的基础,建立长效的管控机制,确保信息流通和工作效率。"线下管理平台",则是一个以重点项目管控为核心的"指挥部"管理平台。在"指挥部"管理平台中,多部门协同工作,实现了集中、扁平化的管理与高效的决策。在重大项目的规划建设过程中,通过"指挥部"的集中管理,明确职责范围和工作组织方法,包括统筹土地整理、拆迁与出让、协调各方利益主体、组织前期规划设计、把控工程实施建设、促进公众参与等工作。重点统合了各专业专家设计团队的各项专项设计成果,并协调政府、市场和公众为主体的各方利益群体。通过实施开展各类沟通座谈、成果汇报、公众调查等工作,确保通过"线下管理平台"的精细化管理,实现重点项目的高水平决策、高效率管理与高质量建设。

(二)横向到边的专项协同机制

在深化方案的基础上,总师总控模式采取了一种控规要求的统筹方法,进行横向到边的专项协同机制,涉及城市设计、生态景观、地下空间、综合交通、市政设施、产业发展等多专项规划内容。这种方法确保了各专项规划的专业化、精细化、精准性,极大地提高了工作效率和开发速度。通过同步进行,互相校核开发的科学性,为重大项目和重点地段的工作提供了有效的技术支撑。这种方法积极探索空间上的多维统筹与全面协调,充分利用互联网、大数据、人工智能等现代科技,实现资源的高效配置、紧凑建设和集约发展,促进生态要素、公共空间与城市基础设施的高效耦合。在专项协同整合的基础上,总师团队还进行了规划的编制组织和技术评审,完整落实了城市品质的技术把控。总师团队协助政府组织重点地段、重点项目的规划编制国际方案征集、技术把控、技术审核等工作。团队同样也要进行全域城市设计、片区控制性详细规划、重点地段城市设计等的国际方案征集、技术把控、技术审核等工作。此外,针对相关城市设计导则进行的技术分析和把控,团队的重点是对城市重要节点、城市风貌、建筑色彩、沿街立面等进行技术指引和落地实施把控,综合构建横向到边的专项协同机制新范例。

(三)纵向到底全过程整体统筹

在重大项目的建设中,实施设计交底的整体总控,进行纵向到底的全过程整体统筹是关键。为确保重大项目在实施落地阶段严格按照规划设计图纸建设,对设计全面交底,需要做好会前初审、筛选上推、会中评审、会后指导等方面的工作。进行会前初审，是对设计方案进行筛选和推荐，确保方案符合规划设计的要求。在会中评审阶段，组织专家对设计方案进行评审，提出修改意见和建议。会后指导工作则是针对评审意见，对设计方案进行调整和完善，以保证设计的全面交底和实施可行性。同时，纵向到底的统筹过程也需要实时跟进现场施工和样板建设情况。在建筑设计的基础上，确保落实施工图的表达传导、设计传导与设计质量表现，确保施工过程与设计理念相一致。在快速城镇化背景下，规划行业"重量不重质"的倾向需要得到有效控制，在配合监理公司保障工程安全的同时，还要确保工程效果。此外，需把控建筑景观风貌、空间形态、公共空间和相关指标等，切实保障规划的实施落地，最终实现规划、设计理念"一张蓝图"的高质量呈现。

（四）多元主体协同的整体统筹

为确保规划整体工作的有序推进，必须建立一个跨部门、跨领域的沟通与合作机制，以促成多元主体协同的整体统筹。这涉及与相关部门和运维团队的对接、协调和沟通，确保项目在各个阶段都能得到充分的支持和配合。同时，还需要确认相关的立项条件和一系列待研究的问题，为规划及其方案的落地可行打下坚实的基础。在设计过程中，将后期运维内容前置，并融入概念方案、方案设计阶段与深化设计阶段中，是确保规划及其方案落地可行的关键。通过这样的方式，可以在设计初期就考虑到后期的运维需求，从而使规划方案更加全面和细致。此外，商业策划及研究的融入也是必不可少的，这有助于评估规划方案的市场潜力和经济效益，为规划的实施提供有力的支持，进一步保证规划及其方案的落地可行。

三、实施总控的组织模式

Organizational Model for Implementing Overall Control

依托城市总规划师模式，总师团队在实施总控过程中，也对具体的"组织模式"进行了思考与革新。通过构建一个"1+1"的技术管理模式框架，旨在通过技术研究、技术咨询、技术组织、技术评审和技术审查等方式，为行政管理提供技术支持，塑造全新的实施总控的组织模式。在此框架下，技术组织成为规划高质量实施的重要支撑，它结合了城市总规划师的行政职能和专业技术，响应政府或开发商的委托，组织各类型项目所涉及的甲方、乙方及第三方人员进行讨论、研究、评审和决策等，并依据本底规划总体把控项目规划、设计与建设过程，确保项目规划和建设的质量和方向，保障各类型空间规划能够高质量落地实施。

从项目的起始阶段到定位发展、方案设计，再到实施落地，总师团队采取了全过程的总控策略。在前期重点项目的规划编制阶段，灵活选用优秀设计团队，合理安排项目分工，从理念、技术路线、效果呈现和时间安排等多个维度进行全方位技术把控管理和方案深化。通过定期发布周报、季报和年报的形式，确保对项目板块情况的持续监控和定期总结评估，以对技术进行更加有效的管控。通过保障对建设用地、建设规模和空间关系的实时分析和推敲，确保项目从开始到结束的方向性、统一性、有序性和可实施性。总师团队设立了专班专员的运行模式，明确驻场各团队人员及职责，并实施轮岗制度，以保证在特殊情况下的工作连续性。此外，每日组织交流会议汇报日常工作，也是项目顺利进行的保障。

在全过程的整体统筹阶段，面对现实问题，实施总控需要在管控工作整体缺位的现状情况下，明确系统性实施总控的目标与作用。其中，建筑设计和景观设计的品质管理应作为重点置于首位，通过总控阶段的工作平台构建，形成工程层面的协同。对于城市级系统性项目、片区级系统性项目、组团级系统性项目、地块级系统性项目，主要涉及片区的设计总控、重大项目建设、城市品质提升、建筑设计方案的实施总控等方面，需要以全要素、全过程为目标，在重点实施项目中进行精细化管控。通过对多专业与技术进行筛选、整合、互通集成与优化，促进专业技术与最优技术的集成。此外，建设实施具有整体性的特点，需要体现在抓牢"横向到边、纵向到底"的建设实施过程。其中，"横向到边"即总师总控过程中形成建筑、景观、交通、市政、生态等多专项、全覆盖的整合性管控，保障技术以"最优目标"被有效选择或集成。"纵向到底"则是指实现"规、建、管、运、服"的全生命周期有效资源配置。

第三节　高质量总控实践案例
High Quality General Control Practice Cases

　　1921 年，嘉兴南湖的一叶扁舟上，几位志士仁人正紧张地讨论着一场历史性的会议结果。他们从上海出发，历经数日的秘密会议，躲避敌人的耳目，终于在南湖之上完成了那决定性的最后一场会议——中国共产党就在那一刻诞生了。在这片古老而沉睡的土地上，诞生了一个全新的政党，她以马克思列宁主义为行动指南，以实现社会主义和共产主义为奋斗目标，统一了无产阶级的力量。为了民族的独立和人民的解放，为了国家的繁荣和人民的共同富裕，中国共产党开始了艰苦卓绝的斗争，开启了中国革命的新篇章。

　　一百年后的今天，为了迎接党的百年华诞，沈磊教授肩负重任，受聘成为嘉兴市的城市总规划师。沈磊教授总师团队凭借详尽的规划设计指导、全面的技术审查保障和深入的项目建设治理，为这片红色革命的启航地赋予了新时代的特色，引领建党百年之际的城市蝶变。总师团队站在战略高度谋篇布局，深谙党的宗旨；对嘉兴的城市发展定位、战略方向、产业布局和空间调整进行全面规划，形成中心城区的工作重点，积极贯彻落实国家的行动方针；通过"百年百项"重点工程和高质量的总师总控，确保项目落地生根，总师团队不忘初心，积极行动，实现区域的精细化管理，以"九水连心"的城市空间结构，快速提升嘉兴城市影响力，打造了嘉兴在长三角核心区的枢纽型中心城市地位。

　　在南湖天地及其周边片区，我们能感受到历史与现代的交织，体验古韵与青春的融合。这里有着成都春熙路、太古里一般的街区风貌，快节奏的城市生活让人向往。同时，古城小镇式的沉浸文化也让人醉心，让人渴望漫步在悠然闲适的时光里。在府南广场、古城中轴或是子城城门，我们可以停下脚步，沉浸在古城的历史韵味中。这里有着独属于古城的历史记忆，体现出人民城市的规划硕果。在嘉兴火车站、狮子汇渡口，我们可以重走"一大"路，巡礼精心修复重建后的历史建筑，感悟时代的红色记忆和经典文化场景。

　　在长三角地区的繁忙生活中，嘉兴同样作为重要的枢纽节点城市，以其独特的魅力吸引着来自各地的旅人。对于奔波于长三角各大城市的人，嘉兴高铁新城立体、高效的交通网络无疑是现代文明的便利体现。这里不仅是交通的枢纽，更是区域经济发展的引擎，激发了城市的无限活力。对于那些忧虑城市生态环境的人，嘉兴的城乡湖荡整治和人居环境综合提升，则提供了一种生态与城市和谐共生的模式。通过专项的清水工程和网格化的水下森林建设，嘉兴不仅在城乡之间实现了生态环境的巨大改观，还为城市基础设施布局和产业投资升级提供了新的机遇。而对于那些立志于科技报国的人，嘉兴的产研一体科创板块则是一个充满机遇的温床。这里集聚了大量的高新科研机构，加速了国家科技产业成果的转化，为高品质科创园区提供了世界级的范本，为凝聚科创力量的空间布局贡献嘉兴智慧。

　　嘉兴，历经百年的风雨洗礼，在总师总控模式的引领与具体落实下，正通过高质量总控实践案例发挥着光热。城市级系统性项目整体把握城市发展特色和空间构架；组团级系统性项目将重点凸显，拓展片区发展内涵；地块级系统性项目微观凝练规划内核，成为片区高质量发展的重要载体……系统分类的高质量总控实践案例，于文化、创新、生态、发展、融合、幸福之协调，正逐渐绽放出闪耀长三角夺目的蝶变光彩。

一、城市级系统性项目
City-level Systemic Project

（一）"九水连心"

在江南地区，自古以来，水一直是城市的脉络，流淌着历史的血脉，孕育着文化的底蕴。在太湖流域，水网如同精密的织锦，河湖水面率高达15%，内河网密度3.3千米/平方千米。这里既有以太湖、淀山湖、阳澄湖等为代表的湖荡水网，也有以运河、塘浦为骨架，纵横交错的平原圩田式水系。嘉兴，坐落在杭嘉湖平原的腹心地带，不仅在地理上占据要位，更是江南水网体系中重要的生态腹地之一。嘉兴的独特水网，是由运河发展逐步展开的。江南运河的开凿历史最早可追溯至秦代；而嘉兴运河的开凿比江南运河还要早，可以追溯到春秋战国时代开凿的"百尺渎"。在吴越争霸的年代，为了运送军粮，古人开凿了"百尺渎"。到了隋代，基于秦汉时期所凿的运河，人们又对其进行了拓宽、疏浚和顺直化处理。"隋大业中开运河至嘉兴府城，分支夹城左右"，江南运河由此基本成型。大运河的开通和海塘的兴修，为嘉兴整治水系，开发水利，建设塘浦圩田提供了坚实的基础。

嘉兴的城市空间格局也是顺应水网的发展而形成的。苏州塘、新塍塘、杭州塘、长水塘、海盐塘、长中港、平湖塘、嘉善塘、长纤塘这九条放射状河道汇集于南湖与古城，构成了覆盖全域的独特水文地貌。主要河流之间"五里七里一纵浦，七里十里一横塘"，横塘纵浦之间更有无数条河流港汊相连接，形成了建筑"临水而建、沿水成街、依水而兴"的独特空间格局。古城内外的河道纵横交错，河流及其两岸的居民逐渐形成了这一带浓厚的江南水乡风情。这一独特的水网格局不仅是嘉兴的自然地理特色，更是嘉兴历史文化的重要组成部分。它见证了嘉兴从古至今的发展历程，承载着嘉兴人民的记忆与情感。在新时代的背景下，嘉兴的总体城市规划设计应当继续发挥其水网优势，推动城市可持续发展，为实现人与自然和谐共生作出积极贡献。

在总规划师模式引领下，嘉兴以江南水乡独有的蛛网状水系和独特圩田聚落特色为依托，通过"战略研判、生态识别、多维评价"三个层面的本底规划研究，系统地剖析了嘉兴自然本底的资源价值，从而确立了"九水连心"的城市空间格局规划（图7-3）。这一格局着重于突出嘉兴的资源优势，并延续和强调了保护与发展并重的理念，整体性地统筹了生态资源与生态系统、历史文脉与发展框架、文化资源与江南风貌等要素。

基于对嘉兴特色水网特征、历史文化脉络、城市发展框架的深入研究，总师团队提出了以古城为核心、以水系为引导的"九水连心"概念，旨在构建一个生态优先、人与自然和谐共生的城市发展格局。这一格局不仅作为打造城市生态文化和总体结构的重要抓手，还将生态与历史文化双格局通过"九水连心"进行锚固，旨在将嘉兴整体打造为"中国的威尼斯"和"世界的嘉兴"。这标志着嘉兴从"南湖时期"走向了"九水时代"，促进了特色优势资源向发展赋能的转化。

依托"九水连心"的独特水系格局，嘉兴形成了独一无二的生态"底片"，展现了生态价值，并促进了生态文明建设和可持续发展。嘉兴的城市发展脉络、文化节点结构、公共服务设施结构、交通结构均遵循水网特色布局，有效地促进了老城与新区、城与乡发展的古今交融，构成了江南人文水韵的城市"名片"。此外，嘉兴还通过世界级城市群的科创风口，利用其开放多元的科创环境优势吸引高端人才，打造知识创新、研发创新和创新成果转化的新高地，构成嘉兴创新驱动发展"芯片"的重要组成部分，展现其创新价值。嘉兴，聚焦生态、文化、创新三大领域，致力于打造一个与自然相邻、与文化相依、与繁华相邻的现代化网络型田园城市。

总师团队依托自然要素，为嘉兴提出独特的"九水连心"城市空间格局，孕育了一幅生态优先的城市画卷，这是对自然特色的理解与尊重。总师团队以生态为笔，以水系为墨，精心勾勒出一张绿色发展的大棋局。从整体上，项目着眼于研究城市结构、城市形态和城市风貌，同时深入挖掘嘉兴作为世界水城的独特魅力和发展潜力，提炼出其特色的自然禀赋，使之成为城市空间功能价值的"放大器"。这样一种引领绿色发展的顶层设计，既是对自然生态的保护，也是对城市发展的引领，它将生态保护与城市发展完美融合，形成了一种新型的绿色发展模式。

这一模式中，项目在保护生态水网、自然本底的基础上，立足资源利用和城市发展，完善"山水林田湖草海城乡"多要素完整性和稳定性，通过引入特色水上交通和水上活动，让这些流动的元素成为激活全域发展的绿色引擎。通过这样一种特色的规划模式与方法，有效实现了城市空间价值的多维度系统集成，实现了城市生命系统的自我循环和自我更新。在"九水连心"城市空间格局下，嘉兴的城市空间价值不仅得到了提升，还实现了经济高效、环境友好、资源

九水连心　嘉兴市规划建设总师示范
NINE WATERS CONVERGE INTO ONE HEART　Jiaxing Urban Planning and Construction Chief Planner Demonstration

图 7-3 嘉兴市中心城区城市设计：九水连心夜景鸟瞰图
图片来源：中国生态城市研究院沈磊总师团队

节约、社会和谐、文化彰显的均衡可持续发展，更体现了城市绿色发展顶层谋划的哲学深度——城市的发展不应该是对自然的征服，而应该是对自然的尊重和利用。随着"九水"沿线环境的改善，"九水"周边区域的发展也被推向了新的高度。嘉兴，这座位于长三角地区的枢纽中心城市，正以其独特的环境优势，提升着城市的品质，为长三角乃至全国范围内地级城市在大城市群中的绿色高质量发展树立了全新典范。

1. 系统谋划

嘉兴"九水"特色的城市级系统性项目充分体现了总师模式的制度优势，其并非是割裂地浮于纸上的规划文本方案，而是实实在在地统筹了"规、建、运、管、服"全生命周期的各个板块，在规划初始阶段就运用"系统谋划"的手段，高屋建瓴地为后续规划、建设、治理提供了有理有据的抓手。"九水连心"的系统谋划，不仅仅是一项工程建设，更是一次城市品质提升的深度谋划。通过九大板块重点项目的提升，旨在重塑城市滨水空间的品质环境，让那些曾经沉睡的河道焕发新的生机，让嘉兴的生态、文化和产业魅力重新绽放。

在总规划面积15.45平方千米的规划蓝图中，总师团队通过对嘉兴水脉、绿脉、文脉的梳理，针对提炼出的五大方向——绿化、亮化、净化、文化、活化为引领，对"九水连心"的滨水空间进行系统性整合和提升。具体而言，滨水空间的系统性整合和提升包括：通过提升、美化滨河绿地，营造出现代江南园林的空间美感；依托夜景灯光照明烘托气氛，点亮魅力夜景；管控和修复河道水质，用水质的净化守护生态；以文化的深厚底蕴讲述嘉兴的故事，展现"人文圣地、文化嘉兴"；引入水上交通、水上活动，激活滨水空间的每一个细胞活力等。

此外，生态性是"九水"概念规划的核心。生态性的体现主要通过将先进的生态技术融入规划过程中的每一个细节，强化水循环、水净化、水治理，打造出"生态岸线—生态湿地—景观湖—水下森林—生物栖息地"的生态循环；同时，构建起一个"大型林湖湿地—小型生态湿地—河流廊道—低影响开发设施"的水系自我净化系统，促进治理改善。文化性则是"九水"概念规划的灵魂，关注传统历史文化要素的传承和对现代文化的整合提升。通过复原老城嘉禾八景，提炼出每条河道的独特景观意象，并以界定文化风貌为导向，打造"一路亭台，两岸花堤"的一条条充满特色的诗画廊道，让"九水"的特色得以全面展现（图7-4）。人民性是"九水"概念规划的宗旨。通过完善公共服务配套，例如驿站码头、重点桥梁等，着重提升步行和不同交通形式的体验，旨在让人民出行更加便利、生活更加美好。而时代性则是"九水"概念规划的愿景。总师团队致力于打造现代江南的城市风貌，创造出"九水、十八园、三十六景"的景观意向（图7-5），进而开创"嘉兴园林赛苏杭"的城市风貌新时代。这是一次对嘉兴长期发展愿景的深刻体现，是对生态性、文化性、人民性和时代性和谐共生的追求。"九水"概念规划，不仅意味着嘉兴城市品质的提升，更是对嘉兴未来发展方向的明确指引。

在嘉兴的系统谋划中，规划策略如同一幅精细的织锦，将多元要素以水为脉，织入城市的纹理之中，具体的规划策略可概括如下。

首先，规划以水为脉组织多元要素，打造城水共融和谐的空间。项目在规划中尊重并强化了原有的河道水系，将"九水连心"的蓝脉水网与城市的生态肌理优势紧密结合，彰显出嘉兴本土特色的格局。在这一格局下，重要的生态、人文、产业等资源被有效组合，辐射至若干经济创新片区和历史文化保护片区，从而塑造出高质量发展的城市骨架。

其次，规划将水脉、文脉、绿脉三脉融合，创造出一条承载自然与历史的路径。"九水"沿线的生态、文化、景观特色要素被巧妙串联，引领着城市资源的重点打造。在这一过程中，水质安全屏障的构建、水体生态修复的加强、生态肌理资源的整合、绿化结构的优化、景观功能的完善、见绿见园网络的衔接，以及滨河绿化空间特色景观植物的营造等，共同构成了大园林化、多元尺度的绿色本底。同时，全域文化资源的合理保护与利用，以及历史河道、历史文化名城（名镇、名村）、重点文物保护单位、文化节点等空间要素构架而成的水乡节点网络，都旨在形成易于感知的水乡历史文脉场所，凸显地域场所文化，激活全域人文田园场所情境。

最后，规划通过水陆慢行交通的一体构建，打造出全域贯通活力的网络。以"九水"为依托，特色交通网络将水陆并行，构建了以湖荡、运河、南湖、水网为特色的水上游线，与生态绿廊等串联的慢行绿道和开敞空间并行。这样的设计促进了慢行系统与水上交通的无障碍接驳，激活了生产、生态、生活空间，进而得以综合塑造世界级水乡特色流域，塑造现代江南特色的全域全景式走廊。

2. 国际征集

在总师团队的总体把控下，嘉兴"九水连心"整体景观概念性设计展开了第一标段（图7-6~图7-9）、第二标段（图7-10~图7-12）和第三标段（图7-13、图7-14）的国际竞赛方案征集，吸引了国内外众多知名设计单位参加，力图将全球的规划智慧积聚到嘉兴。

图 7-4　嘉兴"九水"主题示意图

图 7-5　嘉兴"九水连心"概念景观设计：九水景观结构示意图

图 7-6 "九水连心"第一标段入围方案：规划定位

图 7-7 "九水连心"第一标段入围方案：规划总平面图

图 7-8 "九水连心"第一标段入围方案：规划效果图

图 7-9 "九水连心"第一标段入围方案：杭州塘示范段鸟瞰图

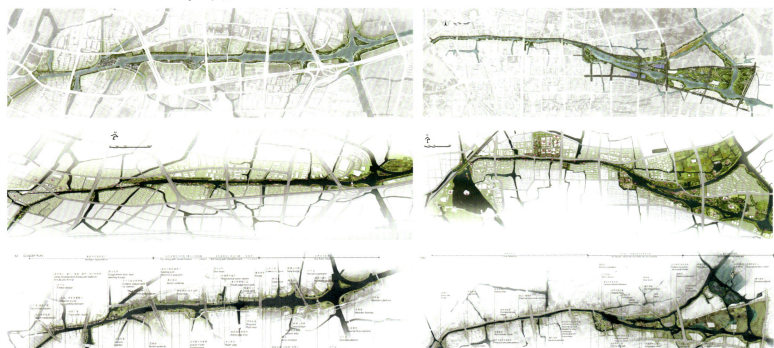

图 7-10 "九水连心"第二标段入围方案：长纤塘规划总平面图及概念性总体规划　图 7-11 "九水连心"第二标段入围方案：平湖塘、嘉善塘规划总平面图及概念性总体规划

图 7-12 "九水连心"第二标段入围方案：以人为本的景观交通出行理念

图 7-13 "九水连心"第三标段入围方案：规划总平面图

图 7-14 "九水连心"第三标段入围方案：规划鸟瞰效果图

第一标段段中标方案来自上海市园林设计研究总院有限公司、艾奕康环境规划设计（上海）有限公司（图7-15）联合体。第二标段的中标方案来自中国电建集团华东勘测设计研究院有限公司、戴水道景观设计咨询（北京）有限公司、北京正和恒基滨水生态环境治理股份有限公司、上海天夏景观规划设计有限公司（图7-16）联合体。第三标段的中标方案来自天津市园林规划设计院、艾奕康（天津）工程咨询有限公司、伟信（天津）工程咨询有限公司联合体（图7-17）。

在优秀规划设计方案的国际征集过程中，沈磊总师现场指导、亲力亲为，全程参与专家评审（图7-18），对不同方案给予认可并提出相关指导意见，会同其他专家共同评选出各标段中标方案。通过三标段国际优秀规划设计作品的征集，城市级系统性的"九水连心"规划项目进一步整合优化，以提升滨河绿化空间，打造特色植物景观实现"绿化"；以"分级控制河道照明，营造节点灯光气氛"实现"亮化"；以"构建水上交通流线，串联亲水活动空间"实现"活化"；以"提炼河道文化特质，打造特色诗画廊道"实现"文化"；以"构建水质安全屏障，修复入境水体生态"实现"净化"。通过"绿化、亮化、活化、文化、净化"的"五化"行动，实现"一年成型，三年成景，五年成势"的规划目标（图7-19）。

3. 实施呈现

在嘉兴"九水连心"项目的具体实施呈现中，"九水"特色的塘、园、堤项目是最核心的亮点之一，形成了众多重要的城市景观节点（图7-20）。这一系列项目分阶段实施，确立了打造四大基础工程、七大亮点工程的近期重点工程，以达成"一年成型、三年成景、五年成势"的建设目标，以保证在建党百年的重要时刻，在较短时间内，实现城市空间格局的快速转型和升级，进一步打造一个生态、文化、活力并存的现代化嘉兴。

四大基础工程，即以"通""绿""亮""文"为基础，打造城市的四梁八柱，旨在构建一个互联互通、生态宜居、光彩夺目、文化繁荣的城市框架。其中，"通"代表绿道贯通，主要通过加强桥下空间组织或设置水上栈道保障绿道通畅，完善"两岸亭台"的带状步行空间。"绿"代表绿化提升，主要通过增加绿线公园的数量并提升品质，改善建筑和道路紧邻堤岸的情况，并利用植被进行色系统筹，强化河道的整体形象，让城市与自然和谐共生。"亮"是指景观照明的营造，通过分级控制河道照明和节点灯光烘托氛围，凸显"九水"的特色主题，烘托出城市的独特氛围。"文"则强调文化保护与利用，通过串联文化元素和重要节点，精心提升"九水"沿线文化项目，打造特色诗画氛围，让城市的历史文化底蕴得以展现。

图 7-15 "九水连心"第一标段中标方案：鸟瞰效果图

图 7-16 "九水连心"第二标段中标方案：鸟瞰效果图

图 7-17 "九水连心"第三标段中标方案：鸟瞰效果图

图 7-18 "九水连心"国际征集评审现场

图 7-19 "九水连心"以"五化"行动实现"一年成型,三年成景,五年成势"的规划目标

七大亮点工程则是对城市特色的深度挖掘，包括"三塔""文衫""塘汇""凰洲""启红""稻梦""放鹤"，分别对应三塔片区开发建设、文衫片区建设、桥东街民居建设、凤凰洲公园建设、启红阁建设、马家浜文化节点建设、放鹤洲节点建设，每一个项目都代表着嘉兴的一个独特文化符号和城市景观。例如，"三塔"和"启红"分别以金色的塔楼和红色的阁楼为主色调，描绘着嘉兴或悠长或震撼的人文历史；"文衫"和"凰洲"则利用自然风光，讲述着嘉兴一个个动听的"运河故事"；"稻梦"将农田与自然相依相生、融为一体，让农田劳作成为如画般的自然风景的一部分；"放鹤"则以其独特且绵长的历史底蕴，实现西南湖与南湖区域的交融，传承嘉兴的文化内涵。

同时，规划后的"九水"界面，成了一条展现嘉兴丰富文化特征和独特景观风貌的美丽丝带。为强化每条水系的文化传承，展示每条水系的景观风貌，并且充分连接杭州塘、海盐塘等九条水系，项目在"九水"交汇处的水口进行了重要节点设计，留出了开敞空间，形成引人注目的水口景观界面。以海盐塘水口的设计为例（图7-21），设计巧妙利用自然石材，雕刻出的"九水"的名称不仅展示了水系的身份，也增添了一丝文化的韵味。同时，设计中还设置有文化性的雕塑和座椅，为市民提供了一个休息和欣赏美景的好去处，打造了一个文化性景观节点。通过整体性"九水"元素的设计呈现，嘉兴的城市整体形象得以提升，水生态环境得以治理，历史文化底蕴得以凸显，为世人展现了一个充满活力、生态友好、文化繁荣的现代化城市形象，成了嘉兴的一张亮丽名片。

（1）南湖景观

环南湖片区和西南湖片区的景观提升项目，需要在保持水域面积不变的前提下，即完整保留103.46公顷的水域面积，同时进行一系列的环境改善和景观优化工作。环南湖片区的主要实施项目包括南溪园、会景园、成功堤、勺园、菱文化园、英雄园、壕股塔片区、小瀛洲、揽秀园的改造提升。如以英雄园为例，展示了其改造提升方案及其庄严肃穆的整体氛围（图7-22~图7-25）。这些项目的目标是实现南岸各园水系的连通，提升水域的自净能力，并增强景观的特色，充分契合嘉兴"百园千泾"的规划目标。西南湖片区同时也充分践行了生态修复和海绵城市建设的理念，引入了水净化湿地系统，旨在提升区域水质和恢复湿地景观的风貌。为了增加市民亲水及休闲活动的空间，规划中还包括了多条架空步行栈道和亲水平台的布设，以及多样化空间的植入。这些提升措施不仅改善了生态环境，也为市民提供了更多亲水及休闲活动的公共空间，增强了人与自然的互动，为市民及游客创造了

图 7-20 嘉兴"九水连心"重要节点景观概念设计效果图

图 7-21 南湖纪念馆轴线景观方案设计：嘉兴海盐塘水口效果图

图 7-22　英雄园主入口效果图

图 7-23　英雄园主入口实景图

图 7-24 英雄园纪念甬道效果图

图 7-25 英雄园纪念甬道实景图

一个更加宜居和宜游的环境。

（2）西南湖生态公园

在嘉兴的西南湖生态公园（图7-26），春风拂面，江南的韵味被巧妙地编织进每一寸土地。这里的设计理念，紧紧抓住"春到江南"的主题，将"红船魂"与"江南韵"水乳交融，成为贯穿整个公园方案设计的灵魂主线。首先，修边幅，以水为脉，去硬还生，再现运河情。通过运用最小干预的手法，项目对那些局部已经硬化的驳岸进行了生态化的改造，创造了连续的水上游线和多姿多彩的生态岸线。这些举措不仅恢复了水的自然流动，也让游客能够更亲近地感受到水的魅力。接着，设计以苇片为语，重塑江南韵味。运用水、岸填挖方平衡的设计手法，项目打造出了特色的水生植物湿地景观，让这片湖面呈现出江南特色的滨水风貌。苇叶摇曳，水波荡漾，仿佛在向人们诉说着一个个古老的故事。

此外，公园还构建了多样、无障碍的慢行系统，以此为线串联各景点，为市民和游客提供了一条可达性强、连续便捷的游赏路线（图7-27）。无论是沿着湖边散步，还是在花丛中穿行，游客都能感受到一种舒适和自由。公园还注重打造开放、人性化的景区，突显红色旅游区的国际品质。通过现代化的休闲商业服务设施，以及桥亭、台、城市小品等设施的布局，既满足城市现代国际形象的需求，也满足市民和游客的游览需求。最后，公园通过建立"初心"文化旅游轴和环南湖活力带，开展红色旅游特色体验，再现"红船魂"精神。利用室内、室外的VR设备等解说系统，将景区的重要景点串联起来，形成一条特色的红色文化游线。游客们可以在游览的过程中，领略江南水乡的韵味，感受红色文化的魅力，体验红船精神的传承。

（3）杭州塘

嘉兴是全国唯一以"原生态"大运河为环城河的城市，保留了春秋、隋代、元代、清代、民国时期及现今当代的全时期历史痕迹（图7-28），使嘉兴呈现出古老与生机并存的活力（图7-29）。杭州塘是嘉兴运河文化资源荟萃最为集中的核心片段，当属嘉兴运河文化资源瑰宝的精髓。杭州塘承载着嘉兴丰富的历史和运河文化，它不仅是嘉兴历史的见证，也是丝绸之路文化的发源地之一。这里，有劝课农桑形成的塘浦圩田体系孕育的丝绸之路，也有典型嘉兴特色的水利附属；有"望吴通越"水陆双码头驿站，还有水网交汇商贸繁荣的城关门厢；有面河而立鳞次栉比的牌坊群，更有运河特色船会游赏的非遗生活情景……杭州塘，可以被认为是嘉禾记忆的集中体现（图7-30）。

依托杭州塘深厚的文化底蕴，项目的设计思路以千年运河文化长廊为定位，旨在

图 7-26 嘉兴西南湖生态公园实景

图 7-27 西南湖柳堤实景图

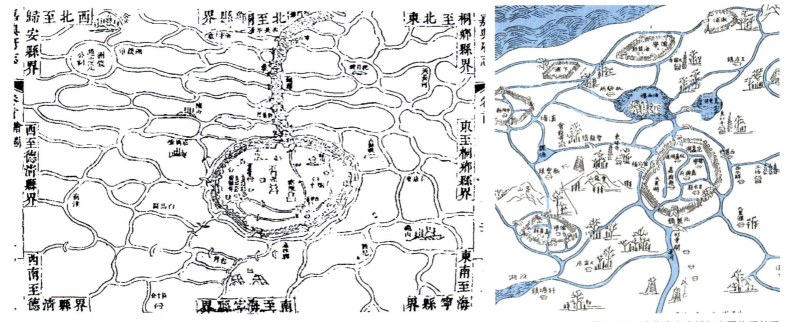

图 7-28 古代嘉兴府城与水网体系关系

图 7-29　嘉兴老城实景

保护和传承运河文化。在具体的项目实践中，杭州塘联动运河公园打造重要市民公园，联动三塔公园复建古遗迹，同时联动血印禅寺市级文物保护单位、岳王祠重要文化建筑、西水驿碑省级古遗址、范蠡湖市级文物保护单位、通越阁地标楼阁建筑，打造鎏金长廊，让市民和游客能够更好地体验和了解运河文化的魅力。杭州塘项目的设计，还包括沿河岸进行三塔环线和范蠡湖环线慢行空间提升，重点规划三塔公园、血印禅寺、岳王祠、状元及第牌坊、西水驿等景观节点，旨在将江南造景和游园体验以空间的形式进行融合。现阶段，杭州塘已经在绿道贯通、绿化提升、慢行优化、牌坊重建、文物保护利用、环境营造等方面取得了很大的成效，为嘉兴的运河文化建设作出了积极的贡献。

杭州塘三塔片区，作为运河文化的心脏地带，其历史价值和文化意义不言而喻。这片区域，东至环城西路，西至中环西路，占地0.63平方千米，其中包括水域面积0.15平方千米。区域拥有三塔公园、血印禅寺、岳王祠、状元及第牌坊、西水驿5处珍贵的历史资源，现状建有大量老旧小区。然而，随着航运功能的取消，三塔片区的核心价值受到影响，标志性的景观不再凸显，重要的历史载体如茶禅寺、明清牌坊群已经消失，沿河建筑风貌参差不齐，居住小区建筑立面老旧等问题也日益突出。在"九水连心"杭州塘示范段的概念设计中，项目采用桥下步道贯通、恢复部分历史功能等方法，改造慢行交通、提升局部重要节点，旨在重塑历史文化印记，打造"素手汲泉，清院幽禅"的意境。在三塔园、蠡湖园等地，项目设计了茶禅闲驿、义祠禅境、柳岸望越等重要节点，让游人能够体验古人茗茶待客的快意生活。

嘉兴见证了千年历史的流转与变迁，在三塔的映衬下，时光仿佛在此刻凝固。嘉兴三塔是京杭大运河的标志之一和嘉兴历史文化的象征，这三座始建于唐代的佛塔，历经风雨，于1999年再现旧观，重建为八角九层（两边为八层）砖质实心佛塔。三塔并列临近运河，它们用砖石铸就的坚实身躯，守护着运河畔的宁静与祥和。塔的每层壁龛上都嵌置有铸铁浮雕佛坐像，静谧而庄严，仿佛在诉说着古老的经文。在三塔的西侧，一座名为"煮茶亭"的四方亭子静静地矗立，其内部立一刻有"溪山平远"的石刻，石刻背面则是《重建三塔记》的碑文，记录着这三座塔的历史与重生。而三塔东侧的"茶禅夕照"石牌坊，则在夕阳的余晖中，显得格外庄重与宁静。2021年，三塔迎来了一次华丽的蜕变。在三塔公园的升级改造中（图7-31），两座仿古建筑的加入，为这片古老的土地注入了新的活力，一为"茶禅一味"，一为"芳庭"。它们的白墙黛瓦，飞檐翘角，雕花木窗，无不透露出古朴与典雅的气息。两处仿古建筑与三塔、煮茶亭、茶禅夕照石牌坊相互辉映，可谓是相得益彰。历史与现代交织，文化与自然融合，如今的三塔公园仿佛是在向世人展示着昔日景德寺（茶禅寺）与"东坡煮茶亭"，以及"茶禅夕照"嘉禾胜景的辉煌，它让人们在这里感受到的不仅是古朴的建筑之美，更是一份深深的乡愁和对美好生活的向往。

（二）嘉兴南站高铁新城

1. 系统谋划

嘉兴，位于全国最高经济能级的核心腹地、长三角核心区的上海大都市圈，是全国唯一毗邻4个GDP万亿级城市、能以半小时通勤串联4个高经济能级核心的节点，为长江三角洲区域一体化发展国家战略的重要支点。嘉兴南站，这座位于长三角核心区的交通枢纽，不仅是嘉兴产业联动的窗口，更是这座城市能级提升的重要引擎。它是支撑长江三角洲区域一体化发展国家战略、落实交通强国建设要求、提升嘉兴中心城市能级的重要平台。在高铁网络不断加密的态势下，嘉兴南站由单中心集聚快速进入多中心网络发展阶段，它不仅是交通的节点，更是城市发展的新中心。嘉兴南站作为上海虹桥枢纽南溢的第一站，不仅作为嘉兴产业三级联动的产业窗口，也是嘉兴市能级集聚与提升的重要发力点。作为嘉兴积极融入长江三角洲区域一体化发展的战略支点，嘉兴南站区域承载着嘉兴步入高速发展列车道的雄心。在这里，嘉兴南站高铁新城的规划应运而生，在起步阶段的系统谋划中采用TOD（Transit-Oriented Development，交通导向型开发）的开发模式，致力于打造站城一体的综合体，实现交通枢纽与城市的立体互联（图7-32）。

在总师模式的引领下，嘉兴高铁新城

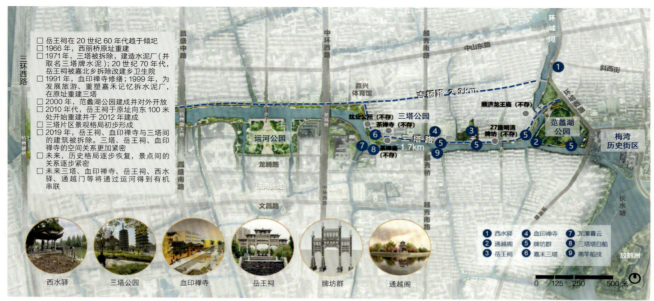

图 7-30 嘉兴杭州塘文化资源分布图

图 7-31 嘉兴杭州塘三塔公园改造效果图及实景图

图 7-32 嘉兴高铁新城城市设计系统谋划起步阶段效果图

的规划不仅是物理空间的构建，更是生态与文化的深度融合。这里谋划引入多元设施与生态湿地，旨在打造一个既繁华又悠闲的旅游目的地，让都市的繁华与田园的悠闲和谐共存。在创新活力与人才聚集方面，嘉兴南站高铁新城的规划充分利用高铁站点的集聚效应，致力于打造一个充满活力的长三角创新交流共享区。这里有优美的自然环境、多元包容的文化氛围以及人人共享的服务设施，旨在激发都市的创新活力，展现现代江南的风貌。在总师团队的系统谋划中，城市与自然融合，旨在营造万亩江南湿地中的高铁创新城。这不仅是对江南文化基因的传承，更是对富有江南韵味诗意家园的构建。

在嘉兴南站高铁新城的规划蓝图中，一个面积达 50 平方千米的现代化城区正在缓缓展开。这里将是沪昆高铁沪杭段（沪杭客运专线）、通苏嘉甬高速铁路、沪乍杭铁路、沪杭城际铁路、嘉湖城际铁路 5 条高铁的交汇点，同时汇聚 3 条轨道交通线路、3 条有轨电车线路、1 条水上巴士线路，站场规划达到 10 台 26 线。未来，嘉兴南站高铁新城将成为长三角地区的活力极核，集聚上海与浙江的力量，促进两地的深度融合。规划以嘉兴高铁南站为引擎，致力于打造一个高品质的枢纽门户形象，强化区域级城市中心的功能。依托长三角 G60 科创走廊，新城将成为最大的引爆点，面向长三角打造枢纽嘉兴浙沪新城，而面向嘉兴市则创建创新嘉地文明典范。在保留已建设道路和地块的基础上，规划充分尊重现状水网密布的空间肌理，通过完善水系网络，加密路网体系，完善配套设施，构建了"一核五区一轴五廊"的总体空间框架。这一框架旨在呈现未来枢纽新中心、创新活力新发展、城水相融新江南、共同富裕新面貌的宏伟蓝图，将高铁新城打造成一个集交通、商业、文化、居住于一体的综合性城市中心。它不仅将是长三角地区的交通枢纽，更将是区域经济发展的新引擎、城市文明的新高地——一个充满活力、富有江南特色的现代化新城即将崛起。

2. 国际征集

为确保高铁新城的高品质建设，嘉兴城市总规划师团队采取开放包容的态度，广泛吸纳各界建议，组织专业技术力量，在站房功能、站城一体化、协调功能、城市设计等方面进行深入的本底规划研究。团队与多家国内外设计单位、开发企业和政府部门进行座谈，集思广益，共同为新城的规划出谋划策。

2020 年 7 月 28 日，嘉兴高铁新城站城一体概念设计方案国际征集的发布，吸引了来自十余个国家的百余家设计咨询单位的关注，共计 42 家联合体提交了资格预审文件。这一征集活动不仅体现了嘉兴高铁新城规划的国际视野，也展示了其规划工作的开放性和包容性。在城市总规划师团队的精心组织和布局下，2020年8月进行了第一阶段资格预审会，9月召开了启动会和踏勘答疑会，10月进行了中期交流。这些活动确保了规划过程的透明性和公正性，同时也为方案的完善提供了宝贵的意见反馈。最终，在2020年12月，嘉兴高铁新城站城一体概念设计方案和余新片区城市设计方案的国际征集进入了第二阶段专家评审会。在这一阶段，国内外知名专家学者对征集到的方案进行了严格的评审，最终评选出了嘉兴高铁新城站城一体概念设计的5个优秀方案（图7-33~图7-37）和余新片区城市设计的3个优秀方案（图7-38~图7-40）。这些方案不仅突出了枢纽体本身的概念构想，也强调了南部、北部区域的融合，并通过多种交通方式与其他城市的无缝对接，为嘉兴未来融入长三角，与珠三角、京津冀便捷地直连直通出行，与上海、杭州、宁波、苏州同城化交流，以及中心城区与嘉兴市域各个城镇快速连通、有机衔接，奠定了坚实的基础。这些规划的超前格局，将为嘉兴的长远发展提供强有力的支撑。

3. 系统整合

在重点项目的前期规划编制阶段，总师团队组织国际征集活动，集思广益，形成了一系列具有全球智慧的方案征集成果。在沈磊总师团队的牵头下，国内外众多知名专家学者对上一轮评选出的8个优秀征集方案进行了第二阶段的专家评审（图7-41）。在最终评选出的8个优秀方案中，由中国铁路设计集团有限公司、艾奕康设计与咨询（深圳）有限公司、杭州中联筑境建筑设计有限公司组成的联合体中标嘉兴高铁新城站城一体概念设计（图7-42）；由查普门泰勒建筑设计咨询（上海）有限公司、北京市建筑设计研究院有限公司、中国市政工程华北设计研究总院有限公司、中铁上海设计院集团有限公司组成的联合体中标嘉兴高铁新城余新片区城市设计方案（图7-43）。

在嘉兴高铁新城方案深化阶段，团队合理安排了项目分工，从思想理念、技术路线、效果呈现、时间安排等各个方面进行了全方位的技术把控。这项目深化过程中，总师总控扮演着至关重要的角色，通过为"八大专项"（图7-44）提供专业的技术指导和统筹控制，显著提升了工作效率和开发速度。这种科学的规划和积极的探索，为枢纽区域的建设、管理、运营提供了新模式，推动了"站"与"城"在交通、用地、空间上的多维统筹与全面协调。

总师团队充分利用互联网、大数据、人工智能等现代科技手段，实现资源的高效配置、紧凑建设和集约发展。这种模式不仅促进了生态体系、公共空间与城市基础设施的高效耦合，而且为当今城市建设指引了一

图 7-33 嘉兴高铁新城站城一体概念设计方案 1：鸟瞰效果图

图 7-34 嘉兴高铁新城站城一体概念设计方案 2：鸟瞰效果图

图 7-35 嘉兴高铁新城站城一体概念设计方案 3：鸟瞰效果图

图 7-36 嘉兴高铁新城站城一体概念设计方案 4：鸟瞰效果图

图 7-37 嘉兴高铁新城站城一体概念设计方案 5：鸟瞰效果图

图 7-38 嘉兴高铁新城余新片区城市设计方案 1：鸟瞰效果图

图 7-39 嘉兴高铁新城余新片区城市设计方案 2：鸟瞰效果图

图 7-40 嘉兴高铁新城余新片区城市设计方案 3：鸟瞰效果图

图 7-41　嘉兴高铁新城站城一体概念设计、余新片区城市设计方案方案国际征集专家评审会议

条创新改革之路。通过这些措施，高铁新城项目得以在保证质量和效率的同时，也保障了可持续发展，为城市未来的繁荣和居民的生活质量提供了坚实基础。

嘉兴高铁新城的重大项目建设采用了以 TOD 模式为核心的发展策略。在总师总控模式的管制下，项目全面实施了全生命周期管理理念，这一理念旨在转变城市的发展方式、塑造城市特色风貌、提升城市环境质量，从而实现城市的有序建设、适度开发和高效运行，是推动城市治理现代化的有力抓手与管控机制。总师团队从项目的起始阶段到定位发展、方案设计，再到实施落地，对整个过程进行全面的全过程总控。

为了更加有效地管控技术，团队定期以周报、季报、年报的形式对项目板块情况进行总结评估，并对建设用地变化、建设规模总量和空间关系进行实时分析推敲，以确保项目从头至尾的方向性、统一性、有序性和落地性。为进一步提升高铁新城的建设质量，并加强规划设计、业态策划、招商运营、工程实施衔接磨合，高效推进各项工

图 7-42　嘉兴高铁新城站城一体概念设计中标方案鸟瞰效果图

图 7-43　嘉兴高铁新城余新片区城市设计中标方案鸟瞰效果图

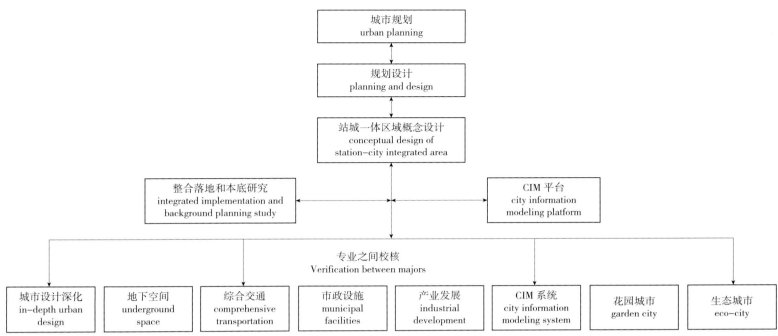

图7-44 嘉兴南站高铁新城城市设计总师总控"八大专项"

作,总师团队成立了高铁新城工作推进专班小组,并启动了项目工作营,以协调推进相关工作的同步开展。团队全面完成了高铁新城站城一体站房方案、"八大专项"规划、控制性详细规划编制等工作。在专班运行方面,团队明确驻场各团队人员及职责,并实施AB岗制度,以保障在特殊情况下工作的有序推动。在协商交流方面,团队每日组织交流会议,由相关项目设计、建设、管理、运营、实施负责人和相关部门参加,以汇报日常工作。以总师总控为核心,团队还与政府及国际征集中标设计团队紧密合作,共同深化方案,整体协调各专项工作有序推进。

总师团队负责向上对接铁路建设主管部门,确认两类站城一体方案的技术及相关立项条件,包括高铁线路的可操作性;同时确认改线方案、站房招标任务书的技术部分,并与嘉兴当地相关部门协调改线相关事项和待研究问题。此外,在设计过程中,团队与可能参与的运维团队进行对接和沟通,将后期运维内容前置,并融入概念方案、方案设计阶段、深化设计阶段中,叠加商业策划及研究,以保证规划及其方案的落地可行性。通过这些措施,总师团队确保了高铁新城项目的顺利进行,为嘉兴高铁新城的重大项目未来的发展奠定了坚实的基础。

嘉兴南站高铁新城的规划,旨在打造一个未来枢纽新中心,它将依托高铁站和城际站的便捷交通,集合城市发展需求和融入长三角的目标于一体。这里将集聚浙江与上海的力量,既服务于本地人口,也服务于区域人口,助推嘉兴成为长三角城市群中的重要中心城市。为实现创新活力发展,南站地区必须集聚前沿创新要素,构建全生命周期的创新生态圈。这里将成为长三角创新共享交流区、创新活力的策源地、创新发展的示范区,为城市的可持续发展注入新的动力。

此外,秉持城水相融新江南的规划理念,项目深入挖掘了本地区水乡之城的城市基因和江南文化特色。在这里，绿色生态优先、以人为本的发展理念被落到实处，城市建设与水、林、田、湖的相互关系得到精心的处理，营造出自然协调、绿色生态、产居平衡的高品质现代水乡。为实现共同富裕新面貌的打造，规划将通过全要素设计整合，促进城乡高品质融合，实现资源要素的高效率流动。在这里，不仅是对城市空间的一次重构，更是对城市发展理念的一次革新。总师团队将探索全域共同发展，实现共同富裕，发挥长三角全要素一体化发展的典范效应，使高铁新城成为展示社会主义优越性的重要窗口。

4. 项目呈现：高铁新城展示中心

嘉兴高铁新城展示中心的设计旨在遵循可持续发展思想，目标是建设一个可示范的绿色、智慧、科技、对公众开放、服务于人民、新时代的城市展示中心。展示中心总用地面积约 14622 平方米，总建筑面积约 14000 平方米。该项目希望以高公众开放体验、强标志与话题性、低运营维护成本为特色，打造高铁新城的"城市客厅"，成为展示城市公共文化和城市文明形象的"城市之眼"。此外，该项目的还追求在设计与技术层面示范响应"努力争取 2060 年前实现碳中和"的目标，体现对未来城市发展的长远规划和承诺。

在嘉兴高铁新城展示中心重点项目的策划和启动过程中，总师团队组织了国际征集活动，以期实现国际一流的设计标准，同时彰显江南地区独特文化的技术创新和设计手法。这一举措旨在高质量地建设一个既能展示生态性、人民性、文化性、时代性，又能强化城市轴线、凸显城市特色的公共展示标杆。该中心将成为嘉兴市城市公共文化和城市文明形象展示的重要窗口，同时也是展示和宣传高铁新城规划成果的窗口，还将成为重要的接待参观场所，以及未来极具活力的城市客厅和市民乐园。项目选址位于高铁新城南北中轴和规划绿廊的交点，东至云东路、南至五环洞路、西邻大木桥港、北临五环洞港，交通便利，距离中心城区约 5 千米，且紧邻"九水"长中港景观轴线，拥有良好的景观优势和生态环境优势。

嘉兴高铁新城展示中心重点项目国际征集活动吸引了清华大学建筑设计研究院有限公司、卡斯帕建筑设计咨询（上海）有限公司、同济大学建筑设计研究院（集团）有限公司、北京市建筑设计研究院有限公司、中科院建筑设计研究院有限公司等众多知名单位参与，汇聚国了内外顶尖单位的设计智慧（图 7-45~图 7-49）。

在总师模式的指导下，沈磊总师团队领衔各单位开展了征集前期现场勘探，并组织众多专家对嘉兴高铁新城的规划、建筑设计国际征集方案开展细致的评审工作（图 7-50、图 7-51）。

图 7-45 嘉兴高铁新城展示中心重点项目国际征集方案 1：鸟瞰效果图

图 7-46 嘉兴高铁新城展示中心重点项目国际征集方案 2：鸟瞰效果图

图 7-47 嘉兴高铁新城展示中心重点项目国际征集方案 3：
鸟瞰效果图

图 7-48 嘉兴高铁新城展示中心重点项目国际征集方案 4：
鸟瞰效果图

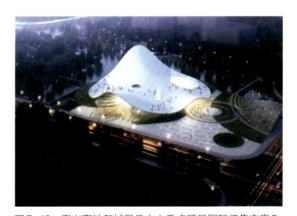

图 7-49 嘉兴高铁新城展示中心重点项目国际征集方案 5：
鸟瞰效果图

图 7-50　嘉兴高铁新城站城一体概念设计、余新片区城市设计方案国际征集第二阶段专家评审会

图 7-51　沈磊教授点评征集方案

最终，清华大学建筑设计研究院有限公司所提出的方案中标嘉兴高铁新城展示中心建筑设计方案国际征集。在中标方案中，展示中心的设计不仅细化了嘉兴高铁新城的总体规划要求，而且在城市界面上巧妙地融合了河道和南侧的城市道路。采用的通透感建筑造型，旨在打造嘉兴高铁新城的一张建筑名片，反映城市的现代性和开放性（图7-52）。

在场地策略上，设计团队考虑道路和河道的退线要求，将建筑巧妙地落位于水岸附近，让出了城市界面，从而打通了城市与水岸之间的连通线。这种灵活的布局不仅丰富了空间的分区使用，还创造了一个不必进入展馆就能让公众享受的立体水乡河畔景观的商街广场。接待区化身为"三山夹两水"的地景状立体公共街道，跨越于展陈区之上，提供了一种独特的空间体验。

在功能策略上，展示中心采用建筑景观一体化的设计，利用地景高差创造出多功能的空间。展示中心具有承载展示、接待、会议三大功能，采用低成本、多功能、多样化的运营模式，灵活空间布局，丰富分区使用。整个建筑包括地上三层和地下一层，将体量偏大、封闭性强的展示空间及会议空间置于底层，以灵活运营。这种设计促进了南侧城市空间与北侧滨水景观的连通交汇，开放的半户外空间和商街模式的接待配套单元能够灵活地满足市民活动、空间共享、夜间经济等人性化、多元化的时代需求。同时，展示中心还为红色文化展陈、艺术文创、特色集市、聚会休闲提供了丰富的场所。

在形象策略上，展示中心被视为观看城市的"窗口"和平台，它不仅展示了城市的发展成就，还体现了城市的文化特色和时代精神。通过这些策略，嘉兴高铁新城展示中心将成为一个展示城市魅力、促进文化交流、增强城市品牌的重要场所。

在这一中标方案中，嘉兴高铁新城展示中心的设计充分体现了生态理念，采用了多种绿色技术，如太阳光电、立体构件导风、透光天窗及漫反射补光等。建筑顶部采用了大跨度屋面结构，屋面全部铺装了太阳能风光调蓄单元，这些设计不仅顺应屋顶的态势，还合理布局，具备了采光、自然通风、雨水收集、太阳能发电等多种功能。这样的设计不仅向公众展示未来的低碳建筑技术，还为内街广场提供了遮蔽。

此外，设计中还采用了立体园林，强调了空间的开放性和多样性。在空间形态上，优化了棚架形态，彰显了空间特色，提升了建筑的整体性。在景观协调方面，设计以嘉兴水系景观要求为引导，形成建筑景观一体化的整体设计。建筑的太阳能屋面中心设置了一个洞口，象征着"城市之眼"。洞口下方设有一个围绕信息中心的双环展示坡道，贯穿屋架与底部的公共空间，既提供了以立体视角欣赏整体景观的机会，又可作为各种文化展示的平台。同时，自然光线的利用不仅提升了屋顶花园的照度，还保证了屋顶植被的自然生长。整体上，这些设计策略旨在打造一个生态友好、功能多样、景观协调的公共展示空间，既展现了建筑的现代性，又融入了自然和文化的元素，为公众提供了一个既有教育意义又具娱乐性的城市公共空间场所（图7-53）。

（三）北部湖荡秀水新城

1. 系统谋划

秀洲区，如同镶嵌在长三角绿色心脏上的一颗璀璨明珠，坐落在太湖生态核心东南侧的怀抱中，与两大生态廊道相邻，是长三角核心区的生态腹地，也是太湖东流域长三角生态涵养区的重要组成部分。2004年3月，时任浙江省委书记的习近平同志深入嘉兴基层，亲自蹲点调研，并召开了全省统筹城乡发展、推进城乡一体化的工作座谈会，明确指出："嘉兴2003年人均生产总值已超过3000美元，所辖5个县（市）在全国百强中都居前50位，城乡协调发展的基础比较好，完全有条件经过3至5年努力，成为全省乃至全国统筹城乡的典范"。紧接着，嘉兴市委、市政府提出了"六个一体化"的城乡一体化主要任务：城乡空间布局一体化、城乡基础设施建设一体化、城乡产业发展一体化、城乡劳动就业与社会保障一体化、城乡社会发展一体化、城乡生态环境建设与保护一体化。2008年，市委、市政府在前期工作的基础上，进一步深化了以"十改联动"为核心的城乡综合配套改革。秀洲区积极响应市委、市政府的号召，结合自身实际情况，全力推进各项改革任务，展现了区域发展的决心与活力。

在总师模式的引领下，秀洲区致力于在EOD（生态导向开发）模式下实现经济发展与生态文明之间的微妙平衡和可持续发展。依托区域内得天独厚的自然资源和城乡融合的发展规划，秀洲区将环境资源转化为发展资源，将生态文明优势转化为综合实力优势，全面推进城乡融合，实现全方位、可持续、大深度、落地化的城乡融合发展。基于EOD模式，以城乡融合发展试验区为支点，秀洲区在长三角地区的城乡融合工作中发挥着引领作用，展望未来，这里远期将成为全国城乡融合发展的新标杆，书写着生态文明与经济发展的和谐共生新篇章。

秀洲区在城市建设的每一个笔触中，都强调着生态建设的引领作用。在这片土地上，城乡融合的基本思路从背景、目标、要素、行动方案等方面日渐明晰。其目标在于缩小城乡之间的发展差距和居民生活水平的

图 7-52 嘉兴高铁新城展示中心重点项目国际征集中标方案鸟瞰效果图

图 7-53 嘉兴高铁新城展示中心重点项目国际征集中标方案局部效果图

差距。为实现这一宏伟目标,秀洲区采取了"五大策略"开展工作:生态格局构建策略、土地空间调整策略、产业优化升级策略、服务设施均衡策略和文化发展策略。这些策略相辅相成,共同推动城乡融合中城乡资源的双向流动,将经济活力、人才资源和优质服务送往乡村,同时将清新的环境、丰富的文化生态引入城市,实现城乡间的互补与共赢。在城乡融合的EOD模式下,秀洲区在空间布局政策创新、目标举措等方面取得了显著成效。嘉兴秀洲区的城乡融合试验区,不仅有助于进一步缩小城乡发展差距,更是推进乡村振兴、新型城镇化建设的重要力量。

秀洲区城乡融合发展试验区的总体规划中,秀水新区、湖荡区、湘家荡作为先导,以现状的万亩农田和森林公园为基底,将自然水景与城乡融合示范相结合,打造了人与自然和谐共生的生态格局。在这里,全域功能与风景共融,城乡空间格局焕然一新;创新链与产业链共进,产业体系蓬勃发展;江南韵、小镇味和现代风共鸣,生活场景独具魅力。公共服务和基础设施的共享,智慧支撑系统的构建,为居民提供了便捷的生活体验。试验区还整体性打造国家级湿地公园,提升生态环境,实现生态治理。秀洲区,这个与自然相融、与繁华相邻的生态住地,正在成为世界城市群的绿色治理典范。在这里,城乡要素双向流动,全国标杆产业协同发展,有效实现了平台联动,全要素的网络格局正在形成。文化保护与传承得到重视,传统特色文化区域地标江南水韵也得以构筑,全球独有的人居环境风貌正在这里缓缓展开。秀洲区,正以其独特的城乡融合发展模式,向世界展示着中国智慧和中国方案。

2. 国际征集

在北部湖荡秀水新城,总师团队同样举行了秀水新区整体规划的国际方案征集,吸引了阿特金斯顾问(深圳)有限公司、北京土人城市规划设计股份有限公司、泛亚景观设计(上海)有限公司、中国城市规划设计研究院、ESD-CCDA-BT等众多优秀的设计单位(图7-54~图7-58),为秀洲区的湖荡城乡融合发展增添新的动力,发挥规划价值。

在沈磊总师团队的引领下,诸多院士、大师、专家、学者汇聚一堂,对长三角生态绿色一体化发展示范区协调区(秀水新区)重点湖荡区概念设计方案国际征集开展了专家评审会,对各单位方案给予认可并提出相关意见(图7-59)。经过系列专家评审,中国城市规划设计研究院和ANDStudio联合体以"玄鹤归来,湖链秀坊"的理念,最终获得本次国际征集竞赛第一名(图7-60、图7-61)。

在整合秀水新区国际征集各入围单位方案EOD模式的基本思路框架下,秀洲区在建设城乡融合发展试验区的过程中,主要采取五大策略。

(1)生态格局构建策略(图7-62)。EOD模式重点强调生态建设在城乡融合中的引领作用。在EOD模式的指导下,秀洲区将生态格局构建作为城乡融合发展试验区建设的先导策略,将绿色的脉络勾勒在嘉兴本底的大画卷上。秀洲区深知生态建设是城乡融合的魂与根,因此,在城乡融合发展试验区的建设中,始终将自然系统修复置于首位,不断完善城乡公园体系,精心保护每一片栖息地,致力于提升物种多样性。嘉兴拥有着丰富的水系资源,秀洲区依托这一天然优势,科学规划水利工程,推动生态廊道的建设,让水系的脉络成为连接城乡的绿色纽带。在权责分配上,秀洲区实施生态分区保护策略,加速制定区域规划,通过差异化的保护措施,分区域实施,以此突出江南水乡的特色,注重人与自然的和谐共生。秀洲区还积极发展多元生态产业,促进生态资源的双向流动,将生态优势转化为经济发展的动力。

(2)土地空间调整策略(图7-63)。土地资源配置问题是城乡融合发展的重点问题之一。在EOD模式的引领下,在城乡融合发展试验区的建设中,秀洲区注重激励机

图 7-54 秀水新区国际征集入围方案：重点湖荡区概念设计

图 7-55 秀水新区国际征集入围方案：重点湖荡区概念设计

图 7-56 秀水新区国际征集入围方案：重点湖荡区概念设计

图 7-57 秀水新区国际征集入围方案：重点湖荡区概念设计

图 7-58 秀水新区国际征集入围方案：重点湖荡区概念设计

图 7-59 秀水新区国际征集专家评审会现场

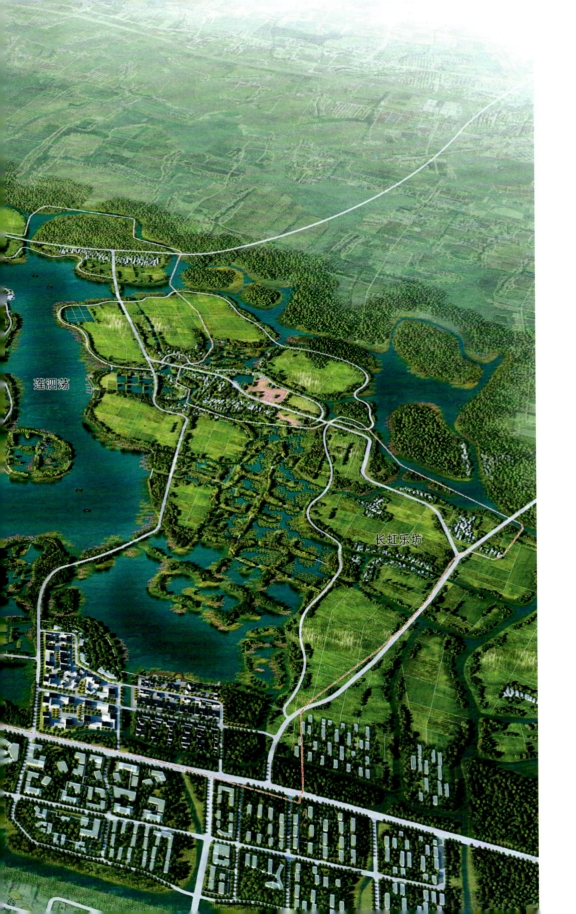

图 7-60　秀水新区国际征集第一名方案：整体鸟瞰效果图
图片来源：中国生态城市研究院沈磊总师团队

九水连心　嘉兴市规划建设总师示范
NINE WATERS CONVERGE INTO ONE HEART　Jiaxing Urban Planning and Construction Chief Planner Demonstration

图 7-61 秀水新区国际征集第一名方案：局部鸟瞰效果图
图片来源：中国生态城市研究院沈磊总师团队

图 7-62　嘉兴秀洲北部湖荡区生态修复分析图

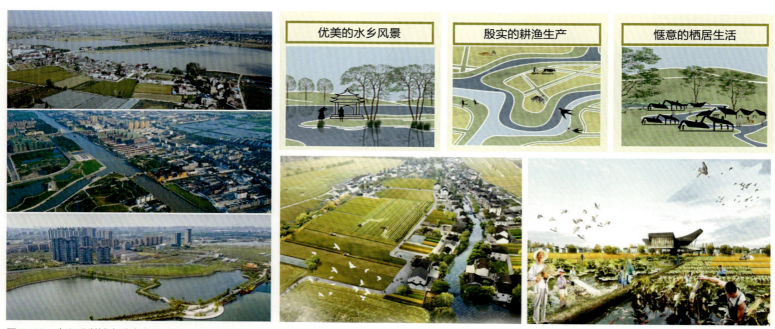

图 7-63　嘉兴秀洲城乡融合发展试验区土地综合整治示意图

制的形成，以此激发土地资源的内在活力，巧妙地将对指标的需求转化为推动发展的强大动力。秀洲区在推动城乡融合发展的实践中，加大了村庄撤并的力度，精心制定了合理的拆迁安置方案，确保土地资源的有序流动，让每一寸土地都发挥出最大的效益。同时，秀洲区深入挖掘低效用地的潜力，通过盘活现有土地存量，实施精准规划，优化土地开发强度，严格控制建筑密度、容积率等核心指标，实现土地要素的内部平衡。在优先发展重点区域的同时，秀洲区还通过引资招商的方式，盘活现存低效用地，实现土地空间的有效整理，不仅优化了城乡空间布局，也为区域经济的发展注入了新的活力，为秀洲区的城乡融合发展提供了坚实的土地资源保障。

（3）产业优化升级策略。嘉兴市近5年GDP增速高于浙江省平均水平，经济体量排名中上。秀洲区虽然目前经济体量排名靠后，但其GDP增速与嘉兴市基本持平，显示出巨大的经济发展潜力。秀洲区拥有众多的产业平台，主导产业之间相似度较高，迫切需要探索协同化发展的新路径。在EOD模式的指导下，秀洲区认识到，生态建设与产业开发、优化并重，特色产业支撑是推动城乡融合工作的关键。因此，秀洲区采取"规划引领、全域协同"的策略，明确产业结构和优化后的整体布局。具体措施包括："做精秀水新区""做强秀洲国家高新区""做特空港物流新区"和"做优全区现代化农业"，构建了"3+1"的产业空间体系。这一体系既注重传统产业的转型升级，又着眼于培育新兴产业，特别是关注数字化、智能化产业的发展。在这一策略的推动下，秀洲区的一、二、三产业实现了协调发展、联动配合，建设了新的产业链，覆盖了现有的产业链条，推动了本土城乡产品的高端化、品牌化，为经济发展注入了新的活力，也为城乡融合提供了坚实的产业支撑。

（4）服务设施均衡策略。服务设施均衡策略是城乡融合发展不可或缺的一环，它如同城乡共同体的血脉，滋养着居民的生活品质。秀洲区在城镇公共服务配套设施方面已较为完善，乡村地区的公共服务配套设施也基本实现了全覆盖，满足了居民的基本日常需求。然而，教育公共服务资源的供给仍存在短板，尤其是在人口老龄化背景下，医疗、养老等公共服务的供给也面临着挑战。虽然秀洲区在城乡基本医疗一体化方面走在全省前列，基层就诊率保持领先，但面临人口老龄化问题和人民群众越来越高的养老需求，现状医疗、养老等公共服务供给存在不足的问题。秀洲区不断完善城镇"生活圈"布局，补充乡村地区的配套供给，弱化行政壁垒，构建了城乡一体的公共服务体系。通过构建全覆盖的两级公共服务中心，秀洲区满足了辖区居民多样化的需求，提升了城乡基本公共服务水平。在教育领域，秀洲区致力于构建城乡均等化的教育系统，推动高水平基本教育设施体系建设，实现了中小学教育设施的城乡全覆盖布局。在医疗保障方面，秀洲区提升了服务水平，加强了城镇医疗服务，构建了养老保障体系，完善了医疗与社会福利设施。此外，秀洲区还形成了"十分钟"文化服务设施布局，促进了文化设施的均等化，增加了村庄文化设施的内容供给。

（5）文化发展策略。文化发展策略是城乡融合发展的灵魂，它承载着历史的记忆，连接着过去与未来。秀洲区历史源远流长，拥有千年古韵，历史上城市职能丰富，本土民俗文化种类繁多。在EOD模式的指导下，秀洲区认识到文化发展与城乡融合应并行不悖，有机协调，以解决文旅发展受限的问题。秀洲区根据地域特征，对秀洲文化进行挖掘、保护、传承和发展。千年运河文化、湖荡湿地文化、古迹古桥文化等地方特色文化在这里熠熠生辉。各镇发挥各自优势，实现错位发展，形成了独特的文化景观。在城乡融合试验区建设过程中，秀洲区以整合资源、加大宣传力度、塑造文化品牌为策略，激发文化创新创造的活力，塑造秀洲文化品牌。秀洲区还充分优化文化资源的城乡空间布局，依托运河、古镇、湖荡等资源，打造运河文化风情带、北部湖荡文旅区、南部田园画乡区，以及运河湿地文化、美食古镇文化、梅里田园文化等，形成了"一带两区三镇"的文化空间结构体系，使秀洲区成为文化传承与创新的一方热土。

3. 项目谋划

秀水新区重要组团，犹如一颗镶嵌在秀洲区城乡融合发展规划中的璀璨明珠，总占地面积达190平方千米，不仅是城乡融合的改革试验田，也是先行先试的重点片区。这里现有国家级湿地公园与省级湿地公园各1处，交相辉映；河港如织，纵横交错，湖荡连片，星罗棋布。这里有陆家荡、梅家荡、莲泗荡、北官荡、南官荡、东千亩荡、西千亩荡等51个湖荡。其中12个湖荡面积超过1000亩（约0.67平方千米），生态空间占比高达75%，湖荡占比25%，水面率28%，绘就了一幅江南水乡的生态画卷。

秀水新区的规划以EOD发展模式为核心，旨在通过生态价值的体现、城乡分类施策、要素双向流动、江南水运的彰显、项目的实施落地等策略，实现未来繁华都市的发展目标。在这里，科创研发、专家公寓、旅游民宿等新功能被重点发展，秀洲区正被打造成为"环千亩荡科学产业生态村落集群"（图7-64）。在总师模式下，秀水新区的总体结构被构想为"一城一镇一园"，生态湖荡成为一园的本底，串联起城镇乡，打造EOD模式的城市副中心。在这里，"城"将增效，打造油车港生态城市建设样板；"镇"将续文，塑造王江泾镇东方水乡魅力小镇；"村"将促融，构建西千亩荡城乡融合示范区。

秀水新区规划理念的深刻洞见，凝练于"城像城、镇像镇、村像村"的"九字真言"之中。在这片充满生态魅力的土地上，每一处规划建设都充分尊重自然、保护生态，同时融入独特的地域特色，开展符合本地特征的城乡规划建设。在重点区域的城市设计上，秀水新区坚持"一控规两导则"的控制原则，以EOD生态优先的理念出发，打造出以万顷碧波、良田苗林为底图的城市新区。这里，融入水乡肌理的标志性门户空间，控制着高低起伏、重点突出、层次丰富的滨水天际线，营建以江南水乡田园为背景的长三角新明珠，实现了"城像城"的愿景。对于乡镇建设，则遵循"控制规模、发挥特色"的策略，打造申嘉湖沿线的小镇项目和特色小镇集群，维持有机自由的规划肌理，保护田园水乡的生态基地，规划多元复合的产业体系，建设圈层发展的空间格局，创立小镇名片，维护特色风貌不变质，确保"镇像镇"的实现。在乡村发展上，秀水新区保留村庄的发展模式，以生活为基础，以产业和旅游为附加值，延续村庄的可持续、可维护、可生长的特色。依托当地材料和传统工艺，体现江南水韵的生活气质，注重平衡城乡关系，彰显乡村的乡土、自然、质朴、生态特色，真正做到了"村像村"。

在EOD模式的引领下，秀洲城乡融合试验区每一个细节都体现了对可持续发展的深刻理解和实践。试验区在发展建设过程中，建立了一套可持续的城乡生态产品价值实现机制，这一机制以规划为统领，优化生态产品价值实现的空间布局，保持了"泱泱秀水"的绿色空间格局。在实践导向中，秀洲区不断提升水生态环境的综合保护水平，构建了生态产品价值实现的物质基础。以理念为主线，试验区增强了生态产品的供给能力，持续提高生态产品价值实现的水平。同时，以平台为抓手，加快文化产业的发展速度，拓宽了生态产品价值实现的路径。秀洲区还探索设立了"秀水银行"生态产品转化机制，这一机制以"水"为核心，科学制定生态系统生产总值（Gross Ecosystem Product，GEP）核算评估体系。推进"全域景区化"建设，科学划定岸线功能区，加强河湖岸线管控，并编制了绿色发展指标体系和自然资源资产负债表。这些举措不仅提升了秀洲区的生态价值，也为城乡融合发展提供了坚实的生态支撑，发挥了生态产品价值实现的智慧。

（1）湖荡湿地公园

历史上秀洲曾是"泽国凌波见、汀洲白鹭飞"的生态高地；也曾是"衣被天下、商贾繁盛"的丝绸名镇。如今，地区生态环境退化，物种多样性下降，传统动力衰退、新兴动力缺失、地区活力不足。在总师模式的指导下，秀洲区以湖荡湿地公园为核心，谋划以"园"构底，以湖荡湿地公园为抓手构建生态系统，联动城乡发展，重点湖荡区以"玄鹤归来，湖链秀坊"为主题，实现"鸟归人聚"（图7-65）。

1）清水生境返自然（图7-66）。为了恢复清水生境，湖荡湿地公园采取了拆、分、退的方式梳理水系，增加了350公顷的水域，提升了流速，确保活水周流，增强了防洪韧性。多处河口湿地初步净化了外源性污染，而梅家荡的大尺度湿地则深度净化水质，利用自然做功，提升水质，保障湖水的清澈。在陆地上，适度增加了林斑和林廊，将部分自有鱼塘和农田改造为多元栖息环境的"鸟坪驿站"，营造了浅滩缓坡的驳岸，成为鱼类和鸟类的栖息地。未来，全域将形成"林—田—湿"的完整生态环境网络。

2）闻川风景入画境（图7-67、图7-68）。湖荡湿地公园通过一条临湖碧道，串联起水乡的慢享生活，描绘出"花溪渔隐"的江南人居画卷。这条碧道渲染了阔远

图 7-64 嘉兴市秀洲区城乡融合发展试验区总体规划鸟瞰图
图片来源:中国生态城市研究院沈磊总师团队

图7-65 嘉兴秀洲北部湖荡区城市设计国际征集方案：湖荡湿地公园规划平面图

活水周流
living water circulation

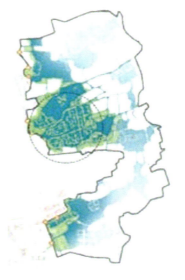
湿群滤绒
purifying wetlands

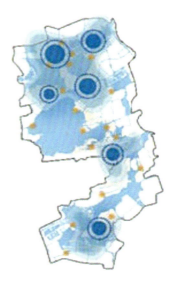
清水产流
clearwater flow

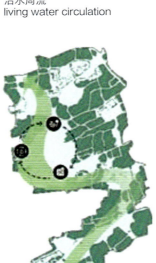
生命湖岸
vitality lakeshore

鸟圩驿站
bird habitat

生态林斑
ecological forest spot

图 7-66 嘉兴秀洲北部湖荡区城市设计国际征集方案：湖荡湿地公园生态修复分析图

图 7-67 嘉兴秀洲北部湖荡区城市设计国际征集方案：湖荡湿地公园效果图

图 7-68 嘉兴秀洲北部湖荡区城市设计国际征集方案：湖荡湿地公园人视角效果图

平湖、深远连荡、迷远港港的湖链长卷，再现了闻川盛景，让人仿佛置身于画境之中。

3）多彩田园忆乡愁。湖荡湿地公园致力于传承"渔棋耕读"的江南农耕文化精髓，将高标准农田作为传统农业的载体，通过休耕轮作和复合生产，实现生态循环。农业公园不仅承载着自然风景的要素，还通过大地艺术和稻田音乐，追寻着原乡记忆。交往农园则成为城乡生活的媒介，如莲泗书馆，充分打造了一个休闲交往的空间，让人们回归田园生活，体验传统与现代的完美融合。

4）水墨聚落醉江。湖荡湿地公园以水网为脉络，激活新空间；以灰白为色调，重塑新风貌；以智能技术为赋能，植入新科技，创造了一种江南韵味的新水乡形态。智创水坊组团散落于湖边田园之间，小镇中心是一个活化的水岸广场，供人们自由交往。水脉连接的多个办公街坊融入了低碳技术，展现了新江南的科技活力。时尚秀坊临湖而立，层叠展开的水畔集市、大师工坊湖荡酒店、会议中心，将成为长三角时尚发布的最佳场所。原韵水乡依水生长，更新的社区中心和开敞的水巷广场成为新的精神场所，错落的院落既是新江南的居所，也是特色民宿体验之地。"玄鹤归来，湖链秀坊"这一主题，描绘了一幅和谐生境下的人居新图景，将成为城乡融合、生态发展的新典范，秀出新精彩，展现了以湖荡湿地公园为代表的秀洲区在生态文明建设方面的创新与进步。

（2）油车港

在总师模式的指导下，油车港的规划与建设旨在实现"城"的增效。这里，以万顷碧波和良田苗林的美景为底图，生产、生活、创新、创意四大元素有机结合，共同构成了长三角创意乐园的蓝图（图7-69）。油车港不仅营建了以江南水乡田园为背景的创意乐园，而且在相对紧凑的范围内实现了对秀水新区建设的启爆，展现了高效的城乡融合发展模式（图7-70）。通过精心的规划和设计，油车港在有限的土地资源中，以尽可能少的土地指标实现了最大的带动效应，产生了较大的社会、经济和文化效益。这种模式不仅为城乡融合空间建设提供了样板，也为其他地区提供了可复制、可推广的经验。

（3）王江泾镇

在总师模式的指导下，王江泾镇的规划与建设以"镇"的续文展开，旨在复兴运河文化，打造一个面向未来、永续发展的世界级东方水乡魅力小镇。王江泾镇规划通过构建清流系统，打造一个碧水清流、蛙鸣鸟叫的自然底板；城市产业也随之转型提质，成为"产清流"的零污染高端产业体系，以此传承王江泾镇的精神，营造一个"人清流"的饱含人性化、人情味的城市。王江泾镇的规划构想是实现城、镇、湖荡风光的一体化发展，与油车港共同营建秀水新城EOD模式核心形象。规划中"一心三片两岛"的多主题功能板块，助力产城乡融合新镇区的建设（图7-71）。镇东三面绿林，一面望湖，利用绿林、湖荡环小镇构筑特色鲜明、边界清晰的绿林廓景象。规划还重点突出了滨湖景观大道的城镇形象，强化入城门户景观，打造一条可观湖光山色、旖旎风光的滨湖景观大道。王江泾镇的规划不仅保护和传承了运河文化，还通过创新的城市设计和产业转型，为城乡融合发展提供了新的动力，打造一个充满活力、生态宜居、文化丰富的现代化水乡小镇（图7-72）。

（4）西千亩荡"城乡融合示范区"

在总师模式的指导下，西千亩荡的规划与建设聚焦于"村"的带动与融合作用，旨在打造一个"城乡融合示范区"，实现乡村振兴、城乡融合、共同富裕和科技赋能（图7-73）。秀洲区秀水新城（油车港镇）西千亩荡片区，以其独特的湖荡资源和村落布局模式，成为嘉兴市城乡融合示范区的标杆。西千亩荡以"中国现代民间绘画之乡"和"中国民间文化艺术之乡"为文化艺术基底，着力打造成为全面展示中国特色社会主义优越性的重要窗口中的最精彩板块，成为长三角高质量发展的先行区和全国率先实现的城乡融合发展现代化示范区。借助

图 7-69 嘉兴秀洲油车港城市设计方案：鸟瞰图

图 7-70 嘉兴秀洲油车港城市设计方案：功能分区分析图

图 7-71　嘉兴秀洲区王江泾镇城市设计方案：鸟瞰图

图 7-72　嘉兴秀洲区王江泾镇：里街节点效果图

图 7-73 嘉兴秀洲区西千亩荡城乡融合示范区规划设计方案：功能分区图

打造"农业硅谷"、科创湖荡、多彩画乡的目标优势，西千亩荡集聚了各类现代农业产业科技创新资源要素，围绕主导产业，吸引了高水平科研团队、高科技龙头企业和高质量投资基金入驻。基于嘉兴优质的科创基因，西千亩荡在湖荡区打造了"科学大脑"，探索科创引领城乡融合的新范式，并同步打造了低碳宜居聚落、智慧科技聚落、创意时尚聚落和生态旅游聚落（图 7-74）。在推动乡村振兴和城乡融合发展的同时，西千亩荡的规划与建设还着重关注科技创新和产业升级，是总师模式在城乡融合示范与科创产业引领层面的一次成功实践。

图7-74 嘉兴秀洲区西千亩荡城乡融合示范区规划设计方案：规划策略图

二、片区级系统项目
Area-level Systemic Project

（一）江南慢享古城

1. 系统谋划

在片区级别的系统项目中，古城的营建是古今交融、凸显品质的一大体现。嘉兴江南慢享古城项目不仅是一项城市建设项目，更是一首穿越时空的诗，一幅流动的历史画卷。在古城文化中轴线的城市整体格局中（图7-75），古与今交织，传统与现代对话，共同织就了一幅品质生活的美好图景。总师团队旨在打造一个既有江南水乡的温婉气韵，又充满现代生活便利的宜居场所，让"诗画嘉兴、慢享古城"不仅是一句口号，也是每个居民日常生活的真实写照。

嘉兴，古称檇李，其文脉之根深植于春秋时期，历经千年风雨，依旧生机勃勃。辟塞（嘉兴市区北端）是长水（江南运河嘉兴段前身）与陵水道的重要交汇点，其特殊的地理位置最终使其成为江南运河交通线上的重要节点。在三国时期，吴黄龙三年（公元231年），吴大帝孙权的一纸令下，"由拳野稻自生"，改"由拳"为"禾兴"，并修筑子城，嘉兴基本上完成了从乡村集镇到城市雏形的转变过程，古城的轮廓初现。隋大业六年（公元610年），江南运河的开凿，不仅完成我国南北大运河的沟通，更让嘉兴的繁华初露锋芒。嘉兴环城河以内及"九水"周边地区范围缓慢发展，嘉兴的经济开始逐步兴盛，城市建设逐步繁荣。至唐文德元年（公元888年），嘉兴筑外城，称罗城，城围12里（6千米），城市的规模进一步扩大。吴越国时期，嘉兴城开始成为东南地区的政治、经济、军事重镇，城市规模基本形成。南北大运河的沟通，使嘉兴优越的自然条件得以充分利用，为农业生产创造了有利的条件。商贸的兴盛发展，促进嘉兴商业和手工业日趋兴盛，推进了嘉兴的城市化进程。至明宣德五年（1430年），嘉兴府下辖七县，称"一府七县"，此后嘉兴府县体制的格局基本奠定，历史的脉络也愈发清晰。新中国成立后，嘉兴老城区的扩张跟随历史的脚步，既稳健又迅速，形成了一种独特的"圈层离散"扩张趋势，同时更延伸着城市文化精神。

纵观嘉兴城市的发展轨迹，这座江南水乡的古城发展历程如同一条波澜壮阔的河流，从辟塞到子城，从子城到罗城，从漕运到市镇的兴起，每一步都刻印着历史的痕迹。它因河而生、因河而兴，运河如同城市的血脉，滋养着嘉兴的成长与繁荣。嘉兴是古代江南地区不规则城市形制的杰出代表，是国家历

图 7-75　嘉兴古城文化中轴线整体城市格局：鸟瞰图

史文化名城的骄傲，24处文保单位，环城总长6.6千米的运河，每一处都是历史的见证，每一砖一瓦都承载着文化的厚重。嘉兴古城，作为以运河为主干的嘉兴水网体系的中心节点，历史记载中内部河网密布，望吴门、春波门等水上门户如同古城的明珠，点缀其间。城市的设计巧妙地"以城为核、以水为引"，形成了一个脉络清晰、布局独特的城市格局。这种"城水相依、城门错位、十字短轴、府县同城"的时空特征，当属古代江南地区不规则城市形制的杰出代表。

在总规划师模式的指导下，嘉兴古城的发展蓝图愈发清晰。为进一步传承和保护城市的历史文化资源，发挥其人文价值与社会价值，规划采取了一系列精细化的措施。

通过梳理重要的历史本底资源，进行针对性的保护。规划根据古城中轴线文化资源分布（图7-76），对其进行了综合整治；运用考古式的方法进行有机更新，对历史建筑进行了修缮和原真重现等，让历史的痕迹在城市的发展中得以保留和彰显。通过对嘉兴人文基因的深入分析，总师团队从年代分布、空间分布及密度分布三个维度进行叠加分析，提出打造一个3.4平方千米的"诗画嘉兴、慢享古城"重点文脉区域。这里，将谋划一条长度约为2.6千米的中央文化轴，它将成为传承传统营城智慧、重现嘉兴古城传统格局的象征。以子城为基，南启南湖壕股塔，沿府南街到子城，北抵月芦文杉（月河历史街区），东连红色"一大"路，西接城隍庙，形成"前府后市、南延北联东引"的总体空间形象。这样的规划不仅保留了老城传统生活的鲜活样本和文化底蕴，更促进了传统文化展示、地方特色产品和文旅产品的创新，提升了城市活力，引领文化时尚风向。在这里，每一位市民和游客都能享受到"诗画嘉兴、慢享古城"的最嘉兴、最潮流、最休闲、最深度的文化休闲穿越体验，这里将成为嘉兴文化的新地标，让每一位到访者找到心灵的宁静、得到文化的滋养。

文化，如同城市的灵魂，是城市的关键资源和资产，城市文脉的延续和发展是推动城

图7-76 嘉兴古城中轴线文化资源分布图

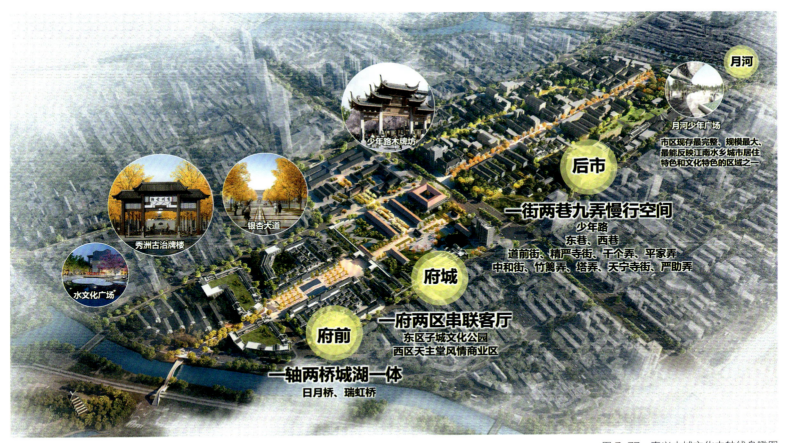

图 7-77 嘉兴古城文化中轴线鸟瞰图

市可持续发展、实现城市文化复兴、凝聚城市精神的重要方式和核心动力。在新时代我国的城镇化进程中,在逐步从"增量"转向"存量"发展模式的背景下,嘉兴慢享古城中央文化轴的规划正是对这一转变的深刻回应。总师团队从结构重塑、交通优化、风貌改造、文遗保护、城市更新和业态提升等多个方面入手,对古城进行更新活化,旨在复兴城市的历史与精神,凝聚城市的文化内核。

在片区格局中,规划巧妙地串联起嘉兴的古城与南湖双轴,复兴城市历史与精神的文化符号,将历史的轴线、运河的文化、水乡的风情、古迹的遗韵、革命的光辉和都市的风采融合汇聚于此,让多元文化百花齐放。通过整合城市人文特色的故事片段,嘉兴的历史人文与时代精神在这里相互交融,共同铸就了"中西合璧、古今交融"的新风貌。通过"追古溯源、文脉彰显"的策略,总师团队承载起嘉兴厚重的城市历史,重新梳理和组织老城的文化脉络。规划打造出"前朝后市、一街九巷、两巷九弄"的古城文化格局(图 7-77),通过修复、改造、复建、织补、串联重要的文化节点,形成了一个诗画嘉兴的文化中心。在建党百年的历

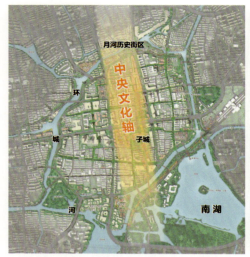

图 7-78　嘉兴古城文化中轴线设计范围　　图 7-79　嘉兴古城文化中轴线设计平面图

史机遇面前，嘉兴江南慢享古城片区的规划承载着"品质提升、水城江南、最佳人居"的使命，成了长三角文化复兴的重要载体与城市更新的新标杆，照亮了历史的长河，引领着未来的方向。

在谋划品质提升的九大板块重点项目中，慢享古城中央文化轴（图 7-78、图 7-79）的详细城市设计显得尤为重要。面对古城当前的城市风貌彰显不足、文化焦点不成体系、古城活力逐步衰弱等问题，总师团队提出了"文化复兴""活力导入""风貌彰显"等策略，旨在以面向未来的视角，整合古城的历史文化资源、自然文化资源、传统生活印记，构筑长三角文化复兴与城市更新的新标杆（图 7-80）。规划中融合了传统老字号、时尚休闲、艺术人文、特色商业等元素，引领新形势下展示嘉兴时尚风采的会客厅。规划还立足于江南水城的传统资源，展现江南名城的文化旅游新名片，打造"月芦文杉塘"，包含月河街、芦席汇、文生修道院及杉清闸等多个历史文化节点。为更新和活化老城区的水网空间，规划了狮子汇渡口、子城公园、月河街区及周边区域的改造提升，旨在赋能水城空间的活力，复兴老城水道的记忆。规划还将修复建国路水街，令建国路原本单一的界面焕发新的生机。结合业态功能格局，规划将子城前府南街、子城、天主教堂街区、少年路北侧街区、少年路南侧街区、月河、芦席汇历史建筑街区等地有机地连接起来，以形成"诗画嘉兴、慢享古城"的最嘉兴文化休闲时尚体验空间（图 7-81）。通过"历史文化遗存多元织补""慢享街坊特色空间组织""复兴老城水网绿网交织"三大设计策略，同步打造多元化街区步行系统（图 7-82），总师团队不仅深情回望了嘉兴的悠久历史，更是对嘉兴的文化复兴、城市更新，嘉兴未来的美好进行了展望。

（1）历史文化遗存多元织补，打造活态文化共存的载体。慢享古城的规划中，历史文化遗存的多元织补成了一项重要的任务。规划以嘉兴府子城谯楼与古城墙为主体意象，以延续江南古镇风韵为月河历史街区的整体风貌。从建筑色彩、建筑形态等方面提出对老城片区的建筑整体风貌与传统风

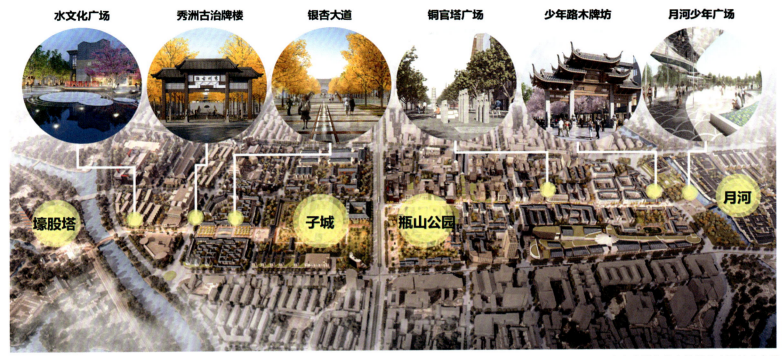

图 7-80 嘉兴古城文化中轴线节点设计分布图

貌的控制要求，以凸显历史原真性。通过拆除一些老旧社区及部分风貌较差的建筑，将原有的文物保护单位、历史建筑显露出来，打通内部辅助道路，连通隐藏的城市记忆。对于中央文化轴内的历史建筑，规划在满足历史建筑保护要求的前提下，引入新功能，植入新业态。将文化纪念、书画展览、艺术基地、教育培训、文化创意、茶饮轻餐等多元业态与历史风貌建筑进行有机融合，打造嘉兴老城区的文化品牌，有效激发城市活力。

（2）慢享街坊特色空间组织，打造宜居活力易达的网络。在慢享街坊特色空间组织中，规划结合嘉兴弄堂街廊的特点，以城市主干道为主要边界，将老城区划分为十一个慢享街坊。倡导"慢行优先、车行顺畅"的出行理念，加密步行网络设计，提升片区的步行可达性，增设非机动车道，完善公交站点与停车场，解决区域交通问题，保证街坊外部的车行通畅。

（3）复兴老城水网绿网交织，打造品质环境连续的空间。规划还致力于复兴老城水网绿网交织，依托狮子汇渡口、东大街子城护城河、建国路到月河等原有水网及水门位置，复兴老城水道记忆。打造水线、静水面、旱喷广场等，形成主题风情水街。同时，促进绿网交织，优化古城绿地系统。在"慢享十一坊"的基础上，协调公共、半公共空间供居民使用，协调校园操场空间在教学时段以外对外向公共开放。通过这些细致入微的规划，慢享古城空间不仅保留了历史的痕迹，更注入了现代生活的活力，为居民和游客提供了一个宜居、宜游、宜养的休闲空间。

图 7-81　嘉兴古城文化中轴线夜景鸟瞰概念方案图
图片来源：中国生态城市研究院沈磊总师团队

图 7-82 嘉兴古城文化中轴线设计策略示意图

2. 实施呈现

在具体实施呈现上，嘉兴慢享古城项目以"诗画嘉兴、慢享古城"为主题，深入挖掘和展现嘉兴古城的历史文化底蕴。总师团队在尊重嘉兴古城历史格局的基础上，巧妙依托传统街巷和历史建筑，通过一系列精心策划的步骤，"活化历史建筑、讲述城市故事""延续城市轴线、彰显城市精神""重塑历史街区、传承城市记忆"，旨在打造府前、府城和后市等三大历史文化展示体验区。为实现这一目标，项目采用了多元适宜的技术集合，以活化老城区的历史文化氛围和场所。规划重点关注保护空间肌理、文化资源、营造历史场所等问题，通过技术筛选、专项技术整合、技术互通集成，实现建设实施整体性技术最优的效果。这样的做法不仅延续了传统的城市功能和场所感，还将鲜活的现代城市生活与深邃的历史人文建筑进行了有机的融合与活化。团队重点把控实施少年路步行街、子城公园、子城客厅、府南街、天籁阁、铜官塔、环境整治等一系列工程实施，以达到真实呈现历史、展现现代风貌的效果。同时，通过活化历史遗存、盘活商业活力和公共服务资源，项目还形成了"点—线—面"三位一体的城市文脉展示，为市民和游客提供了一处既能感受历史厚重又能享受现代便利的文化休闲空间。在这里，历史的回响与文化的展现交融，嘉兴江南慢享古城成为连接过去与未来、传统与现代的桥梁。

（1）日月桥

子城通日月，日月映壕股。日月桥的建设是构建"江南慢享古城"中央文化轴线的关键环节，它不仅连接了"子城—壕股塔"，还连接了老城与南湖，成为嘉兴城市发展中的一个重要节点。从子城到南湖壕股塔，传统的连接方式需要从西侧的紫阳桥绕行过岸，但该桥主要以车行为主，人行部分需要与车行一同下穿铁路，存在一定的安全隐患和不便。在总师模式的指导下，项目提出了"日月壕股"方案（图7-83），即在府南街的尽头端增设一座跨越环城河及铁路的人行桥。这座新桥能够有效延续"子城—壕股塔"轴线的观览路径，同时完善了环城河两岸子城和南湖公园的慢行连接系统，为嘉兴增添了"日月壕股"的新名片。"日月壕股"的设计将老城中央文化轴与南湖连接，巧妙地设计了跨环城河的月牙拱和跨铁路的圆弧拱。方案借鉴古桥中圆弧拱及月牙拱两种拱洞形式，主桥的日桥和月桥采用了桥宽变化的平面形式，曲线形的平面造型美观优雅。在材料运用方面，结合桥体的主次关系，采用了金属材质与玻璃材质的结合，形成了虚实相间的视觉效果，并与壕股塔形成了良好的对景关系。设计不仅增强了城市的整体美感，也为市民在轴线的观览路径上提供了一个更加安全、便捷的步行体验（图7-84）。

（2）府南广场

府南广场，作为嘉兴古城历史文化中轴线的府前开篇序章，承载着嘉兴城的深厚文化和发展历史。在嘉兴古城历史文化中轴线上，子城轴线作为嘉兴城历史上最古老、最重要的城市轴线，是嘉兴老城区最为重要的城市脉络之一。子城遗址公园南侧的府南广场是改造提升的核心区域，规划在空间上巧妙地拉长了这一历史轴线，以子城南门谯楼为中心轴，复原了牌坊，并沿轴线布局，打造了一系列景观节点，以此传承嘉兴的历史，重拾府南的记忆（图7-85）。

子城的空间序列，仿佛是对应着近1800年悠悠历史的回响，它再现了"千年步道、梦回府南"的历史与现代纵深感。牌坊的始建年代虽不详，但据方志记载，明代已存。为了更好地展示嘉兴的文脉，规划参考了牌楼的历史资料，吸收了传统纹样元素，精心复建了这座钢结构牌坊（图7-86），外包紫铜，采用四柱三楼式，呈一字形布局，高9.8米，柱间8.8米。牌坊南面的匾额为"秀州古治"，北面为"首

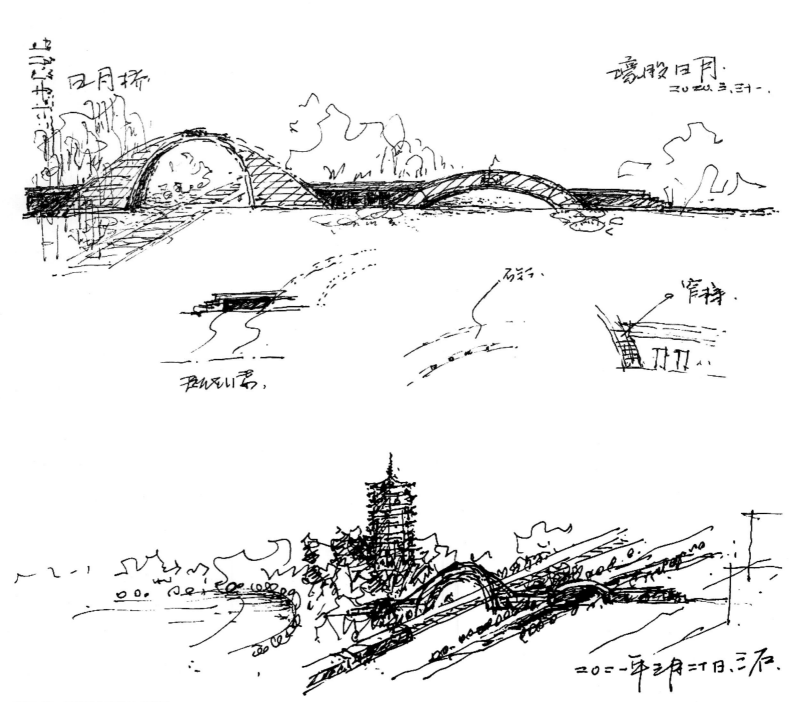

图 7-83 日月桥方案设计手绘图

图7-84 日月桥方案设计效果图

藩名郡",这些细节无不体现了对嘉兴古城历史的尊重和传承。牌坊台基用条石垒砌,台基中部用条石错缝墁铺,明间两柱前后以铜抱鼓和狮子固定,次间两柱前后以铜抱鼓固定,铜抱鼓高1.68米,狮子抱鼓高2.3米。牌坊屋顶采用庑殿顶,屋面铺筒瓦,龙式鸱尾,处处细节都透露着古韵今风。

远期规划中的府南广场两侧,将成为一个充满文化气息的区域,这里将打造承香堂及精品文化酒店聚集区。聚集区不仅是为游客提供住宿之处,更是传统文化的体验馆,集合了香道、茶道、花道、古琴等传统生活艺术教学与文化用品零售于一体。规划旨在让游客享受现代舒适的同时,能够深入体验中国传统文化,感受嘉兴的历史韵味。策划布局中包括农耕文化、吴越文化、马家浜文化、丝绸技艺、非遗技艺展示等,将使得府南广场成为嘉兴传统文化的一个缩影。通过分档次、分梯队、分客群的方式,有效利用现有资源,创造出独特的子城古城文化氛围,满足不同客群对品质旅游或娱乐的需求。远期规划的愿景是使府南广场成为中国传统生活艺术文化交流和培训的重要基地,这不仅能够提升嘉兴的城市形象,还能够促进文化的传承和发展,展示着这座城市的历史深度和文化宽度。

府南广场的改造提升工程(图7-87),是嘉兴古城焕发新生的标志性项目。它位于嘉兴子城谦楼与古城墙之间,承载着历史的厚重与现代的活力。在设计上,府南广场的整体风格既需与传统相呼应,又要展现时代特征,同时融入江南景观的风貌。设计通过铜带、银杏树池、树篦子及灯光的巧

图 7-85 府南广场概念方案效果图
图片来源：中国生态城市研究院沈磊总师团队

图 7-86　府南广场牌坊效果图

图 7-87　府南广场施工建设过程实景图

妙运用，营造出一条跨越时光的千年步道（图7-88）。沿着轴线，从牌坊向北，谯楼向南，设置了18条篆刻着年份和大事件的铜带，它们代表着自三国吴黄龙三年（公元231年）建成至今近1800年的历史。这些铜带与银杏树池、树篦子相结合，灯光的映衬下，形成了一条连接历史与现代的时光隧道，让人们在漫步中体验嘉兴的深邃历史。中央广场上加入的互动灯光水景及雾森系统，为府南广场增添了动感和活力。广场上布置有84株银杏树组成的树阵，树木胸径25~30厘米、高10~12米、冠幅4.5~5米，它们不仅是景观的一部分，更是历史的承载者，让市民和游客"找寻历史记忆，触摸时光遗韵"。

府南广场的改造提升，不仅再现了嘉兴的历史，更活化了这个城市的文化遗产。它为市民提供了一个文化休闲的好去处，也为游客打开了一扇了解嘉兴历史的大门。在这里，人们可以在漫步中感受历史的厚重，体验现代生活的便捷，真正实现了"诗画嘉兴、慢享古城"的美好愿景（图7-89）。

（3）天主教堂

在府城片区的西侧，子城城市客厅片区内（图7-90），一座历史悠久的建筑静静地矗立着，它便是嘉兴天主教堂，见证了中外文化在嘉兴的交融与碰撞。这座教堂位于子城遗址西侧，又称大圣堂、圣母堂、圣母显灵堂或天主教堂，建成于1930年，由意大利籍神父韩日禄主持兴建，采用哥特式拱形建筑风格。教堂主体包括教堂和钟楼，周围还有神父楼、神职人员住房等建筑。这座天主教堂不仅在2005年被公布为浙江省文物保护单位，也在2013年被公布为全国重点文物保护单位，是我国近代历史上规模最大、功能最齐全的天主教堂之一。2013年，它与嘉兴文生修道院合并公布为第七批全国重点保护单位。然而，随着时间的流逝，教堂经历了多次使用者的变更，建筑损毁情况严重。在修缮前，教堂仅存四周的外墙和南端的两个塔楼，且屋顶已经全部消失，只剩下了断壁残垣。整体而言，根据现状勘察与分析判定，这座文物建筑在修缮前的保存情况极差。

在总师模式的制度指导下，规划编织了一幅天主教堂与子城遗址对话的新篇章。通过在历史建筑中注入新功能，以新旧对比，让历史与现代在此交汇，彰显了时代感与历史感的交融。在教堂周边，团队还展开了大规模的嘉兴子城城市客厅项目，而天主教堂正是坐镇城市客厅的核心区域，以其独特的历史风貌展现着传统与现代、中国与西方文化的碰撞。通过团队的精心修缮（图7-91），天主教堂将成为一个标志性的城市公共空间，向公众开放，成为市民们可以触摸历史、感受艺术的珍贵场所

图 7-88　府南广场树阵铜带效果图

图 7-89　府南广场实景图

图 7-90　嘉兴子城城市客厅及天主教堂改造平面图

图 7-91　天主教堂修缮前后实景对比

图 7-92 天主教堂修缮后实景图

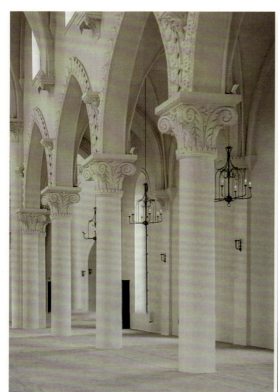
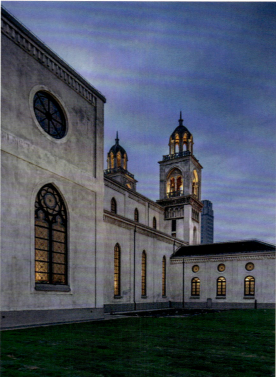

图 7-93 天主教堂修缮后实景建筑细节

（图7-92）。修缮的规划延续了天主教堂的法式建筑风格和意式建筑风格（图7-93），意图结合良好的交通和区位优势，注入最新的商业街模式，打造精品度假酒店。子城遗址与天主教堂，从建筑风格到功能业态上，形成东西两侧一新一旧的文化碰撞。这样的设计不仅延续了历史遗产、激发了城市片区的活力，也为城市现代生活注入了新的活力。历史与现代的完美融合，突显了嘉兴城市独特而兼容并蓄的文化魅力。

（4）子城

嘉兴子城是嘉兴历史文化名城的核心文化遗产，这座历史悠久的城池是嘉兴深厚历史底蕴的生动写照。它坐落在嘉兴老城的中心地带，是嘉兴兼具"州府城市""运河枢纽城市""近现代工业城市"等历史城市特色的重要体现，承载了这座城市独特的文化光环。嘉兴子城始建于三国吴黄龙三年（公元231年），至今已有近1800年的历史。从三国时期到清代，子城一直是嘉兴（秀州）的州、郡、府、军、路治所所在地，是嘉兴的政治、经济、文化和军事中心。子城位于罗城中心偏东南区域，其长期作为城市中心所奠定的"内外双重城"的城市格局，对后世嘉兴城市的发展产生了深远的影响。嘉兴府城现存的子城谯楼及东西两侧城墙，是清光绪三十四年（1908年）重修的，是浙江省现存城墙上唯一的古城楼，承载着古城的记忆与文脉。尽管方志中关于宋代嘉兴子城建筑的记载并不详尽，但通过明清时期的建筑布局，并参考临安府、平江府、严州府等宋代其他州城的格局特征，可以推测出宋代嘉兴子城的格局。从历史资料可知，宋代各地的子城格局虽有所不同，但都遵循了中轴线府治空间建筑的定制。子城内除了长官治所外，还设有宅圃、府库、其他官吏廨署，以及军事场地等。

把目光从三国、唐宋、明清等历史的维度转回现代，1981年，嘉兴子城被公布为嘉兴市市级文物保护单位，保护范围南至府前街道路边线、北至中山路道路边线、西至紫阳街道路边线、东至洲东湾（建国南路）道路边线，覆盖了约7.57万平方米的区域。2005年，嘉兴子城升级为浙江省第五批省级文物保护单位。2010年，子城的保护范围及建设控制地带得到明确，包括谯楼及两翼城墙。子城范围内还保存有民国时期的绥靖司令部营房4座，这些日式建筑也成了历史的见证。2015年，嘉兴子城的考古发掘揭示了嘉兴城最早的城垣，以及五代至明清时期的子城中轴线部署建筑的大范围遗迹，这一发现被学术界和考古界誉为"国内罕见的、格局保存基本完好的州府子城衙署遗址"，同时也成了见证嘉兴城市历史发展和现代演进的重要实物例证，具有城市发展原点的历史和现实意义。2017年2月，嘉兴子城遗址被公布为浙江省第七批省级文物保护单位，与浙江省第五批省级文保单位嘉兴子城合并，保护范围进一步扩大，包括地上遗迹谯楼及两翼城墙、民国时期绥靖司令部营房和地下考古遗址多处，确保古城的历史文脉得以延续。

在总师模式的引领下，团队对长三角地区的旅游发展格局进行了深入研究与整体研判，并对嘉兴子城遗址的优势特征进行了综合分析。总师团队意识到，保护城市的重要历史遗迹，让历史文化遗产惠及于民，是城市发展的重要任务。因此，总师团队开展了子城遗址保护规划的编制工作，提出嘉兴子城古城客厅改造工程项目的构想，并完成了与周围城市风貌契合的子城遗址公园规划项目（图7-94、图7-95）。项目以子城遗址为依托，旨在改造提升考古遗址公园，整合嘉兴城市的历史文化要素，并融入现代城市功能需求。总师团队采取项目改造的目的在于弘扬中华传统文化，让文化遗产真正惠及于民。通过展示嘉兴子城的悠久历史与文化价值，项目融合了历史体验、科研教育、文化交流、休闲游憩等多种功能，使之成为"千年嘉兴城的朱砂痣、民众共享的城市客厅、运河文化带的金盘扣"，打造嘉兴城的文化瑰宝、城市共享公共空间，以及运河文化带上的重要节点，成为市民文化交流、休闲游憩的绝佳去处。子城遗址公园的改造项目建设，不仅通过保护展示遗址本体和多业态进驻来激发遗址的活力，而且有效保护和延续了嘉兴老城的历史文脉，促进了老城区的改造转型，提升了中心城区的价值和品质（图7-96、图7-97）。此外，项目还有效带动了嘉兴文化旅游产业的发展，进一步扩大了子城遗址的知名度和影响力，让嘉兴的历史文脉在现代城市产业经济、文化旅游发展中焕发新的生机，让文化遗产在当代社会中发挥更大的价值。

嘉兴子城遗址公园的设计，是一次与历史的深刻对话，是基于对五代至明清时期嘉兴城市历史格局、功能分布和建筑修建情况的精细考证而展开的。基于对嘉兴子城历代演变过程的研究，总师团队以对考古遗址的保护作为项目基础，具体根据遗址现存情况、展示价值、历史资料等综合因素进行保护与建设。同时，团队结合现代城市的发展需求，对子城的现存情况和周边环境进行了详细评估，进而形成对其价值的综合评定。设计目标明确地将"遗址保护、文化展示、经济收益、城市活力"四个方面作为嘉兴子城遗址公园的总体设计方向。在考古遗址保护与展示、保留建筑修缮与利用、景观环境空间塑造和展示陈列设计等方面进行重点设计，旨在让公众能够更系统地了解嘉兴城市的发展史，感受近1800年城市的历史轨迹。

图 7-94　子城遗址公园规划效果图

图 7-95　子城遗址公园及周围城市风貌实景鸟瞰图

图 7-96　子城遗址公园鸟瞰及门楼实景

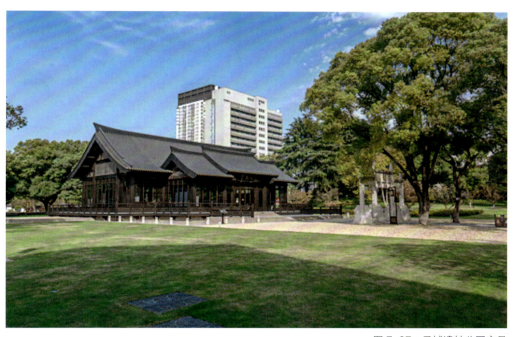

图 7-97 子城遗址公园实景

公园西北侧的考古发掘展示了嘉兴子城北城墙墙基的演变，这一考古剖面成了展示嘉兴子城历史的生动教材，生动直观地展示了嘉兴子城从五代至清朝城墙的演变，极具考古展示价值。结合子城城墙遗址保护的总体设计思路，项目以保护和展示子城西北城墙遗址为主，设计了嘉兴子城保护展示大棚（图7-98），同时也满足了子城公园和相关配套展示的需求。具体而言，在城墙遗址的保护和展示方面，设计结合遗址实物，让人们系统地了解嘉兴城市发展史，展示从春秋以来，历经唐、五代、宋、元、明、清各朝代近1800年的城市发展轨迹，感受嘉兴城市历史的发展历程。同时，项目还根据涉建范围内的城墙遗址情况，分类进行保护和展示，例如北城墙保存较好，设计采取了"露明展示+覆棚保护"的策略。此外，设计还对建筑外立面进行了简化处理，以表达中国传统建筑的意向；通过降低高度，缩小体量，色彩选择等方式，力求新建筑与遗址景观风貌相协调；规划还将建筑建设范围限定在原荣军医院门诊大楼基础范围内，为展示和保护城墙遗址提供有利条件和延伸空间。

在考古造址的保护与展示中，嘉兴子城遗址公园采取了一种以"延续子城历史格局、展示子城历史演变"为基本策略的

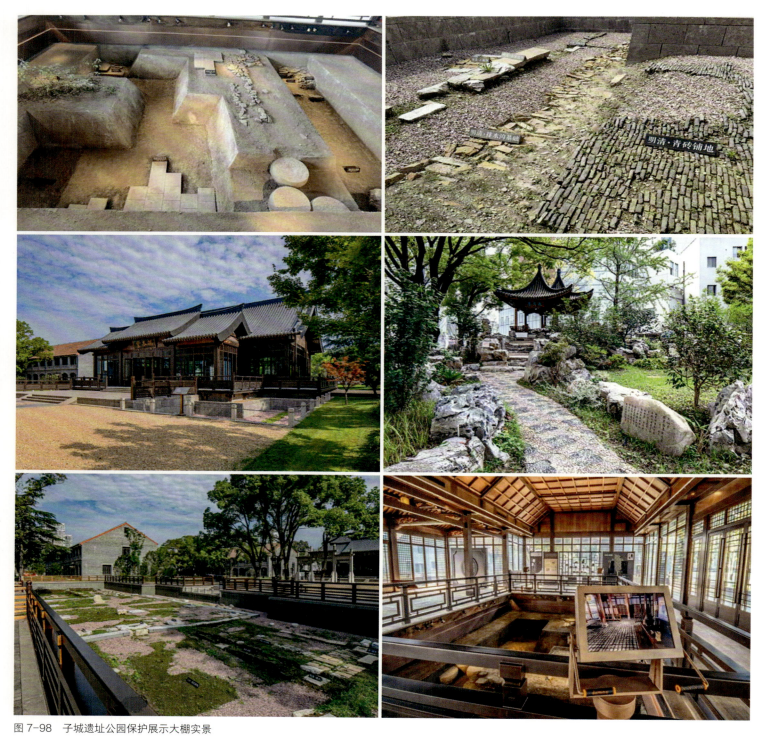

图 7-98 子城遗址公园保护展示大棚实景

方法。这种策略坚持了"考古式修复"和"最小干预"的原则,旨在通过最优技术集合开展考古式挖掘,如地球物理勘探及化学分析技术、X射线计算机断层扫描技术、计算机三维建模技术、数字图像修复技术、快速原型技术等,再现城墙、谯楼、甬道建筑等文化遗址的原貌。通过这些方法,项目恢复了谯楼南侧的清水城墙立面,并根据历史照片及补勘恢复了3号、4号营房的基本格局、仪门、大堂、二堂、东南城墙等遗址,并对它们进行了重点保护与展示。这些措施,展现了嘉兴子城古代衙署的规制,延续了城市的历史底蕴。

规划借助创新文化的读取和展示方法,在历史的厚重中增添科技活力。项目充分利用了子城内部遗留的日伪时期伪绥靖司令部营房建筑,将其转变为游客服务、文化展示、子城展览等功能空间。同时,结合考古发掘计划,项目还设置了室外多样化的公众考古、历史展示、休闲游憩等公共活动场所。在展陈设计上,项目采用了AR(增强现实)、VR(虚拟现实)等技术手段展示历史场景,并实现换装互动体验、VR虚拟考古等智慧导览等等。这些技术通过多层次的信息解读、场景化的历史还原和艺术性的表达形式,不仅展示了嘉兴子城的悠久历史与文化价值,还融合了历史体验、科研教育、文化交流、休闲游憩等多种功能,丰富了观众的观展体验。子城遗址公园的规划与设计,既尊重了历史,又融入了现代科技,使得这座古城的历史得以生动地展现在公众面前,为人们提供了一个深入了解和体验嘉兴丰富历史文化的场所。

(5)少年路片区

少年路片区(后市片区)位于嘉兴中央文化轴的北部,其历史可以追溯到元初时期,曾是子城北外驿巷,自古就是嘉兴老城的传统商业中心。这里汇聚了中小型精品商业、嘉兴百年老字号等业态。同时,少年路片区文化资源丰富,历史古迹密集(图7-99)——明伦堂、宏文馆等文化遗存,以及东西两巷九弄的街巷网络,都是嘉兴老城市井文脉的重要见证,是传承和培育嘉兴文脉原生性基因的重要区域。

在总师模式的指导下,团队对嘉兴少年路步行街区的现状特征进行了深入分析,并提出了"一轴穿越古城千年,文化描绘街区画卷,若水行舟红色记忆,文兴商盛城市客厅,创新传承禾城文脉,诗画江南国际展示"的设计愿景。总师团队以"中西合璧,古今交融"为规划原则,通过文脉植入,重塑历史街区,展现嘉兴特色,焕活人文活力,延续老城历史传承城市记忆。在具体规划中,总师团队结合区域内自然、地理、政治、社会、经济等环境嬗变和时代变迁的综合作用,对标世界级步行街,打造具有地域性、时代性的综合活化文化遗产新形态。同时，项目通过建筑改造与业态混合，充分提高街区活力、领略现代时尚。在场地景观设计方面，项目还打造了多元空间体验与多样性的公共空间，运用"5G+"智能技术引领未来科技，为少年路片区展现高科技与时尚风标增添了强大动力，为嘉兴老城注入了新的活力。

规划中，总师团队提出了"拆危－提升－显文－复建"的策略，旨在延续并继承古城后市片区"一街两巷、九弄七里"的整体街巷空间结构（图7-100），以焕新城市风貌和活化文化资源。这一策略以历史建筑文物保护单位为重要节点，通过拆除整理主要区域内的危旧建筑，并逐步提升现状建筑风貌品质，从而实现对少年路片区历史文物的活化与保护。项目致力于打通街巷网络，并结合文化资源建设公共空间及文化地标，构建文化焦点空间体系。通过开展沿街建筑的改造和重点区域的补充新建，少年路片区完整空间系统得以构建。

在具体设计中，重点打造的"一街"，即少年路中轴，旨在导入"体验＋目的地"型商业，集聚中小型精品商业、嘉兴百年老字号等，打造一个潮流与复古并重的消费目的地。东西两条纵向共享街巷串联文物保护建筑、历史街区，打造文旅风情"两巷"街巷，使游客能够深度体验嘉兴的历史与文化。"九弄"即九条东西向的街、弄，对它们将进行整体提升，打造主题特色慢商业。鸳湖里、瓶山里（天籁里）、宏文里、精严里、明伦里、平家里、华庭里等"七里"，结合重要文物保护单位的风貌，将打造成民国风貌特色街区、现代江南风貌街区。历史风貌与现代元素在这里有机结合，项目还将为少年路片区导入体验购物、休闲娱乐、餐饮、民宿、文化等全业态链条，为市民和游客提供古雅江南街巷气韵与现代潮流魅力相结合的全方位休闲娱乐空间。

在总师模式的指导下，团队采取一系列策略，深入开展了重塑少年路历史街区品质风貌和新旧业态交融的工作（图7-101）。项目采用艺术化的地面铺装来展现嘉兴的地域特色，通过连续的展示橱窗设计，集功能与美感于一体，塑造街巷空间的连续性，使其成为吸引消费者的重要媒介。为提升商业气氛并汇聚人气，项目还增加了外摆区域，混合商业、文创、办公和住宅功能，展现多样化的业态。在植物配置方面，项目增加了绿化植物，以及功能化和主题化的各类植物，营造了一个统一完整的特色步行空间，以进一步增强城市印象。此外，为提升步行街区的识别感，项目还统一设计了标识系统，并通过雕塑的形式拓展城市的历史文化内涵，提升城市的品位。这些标识和雕塑的拓展不仅传递了人们彼此间的情感，还勾起了人们对更多历史的回忆。

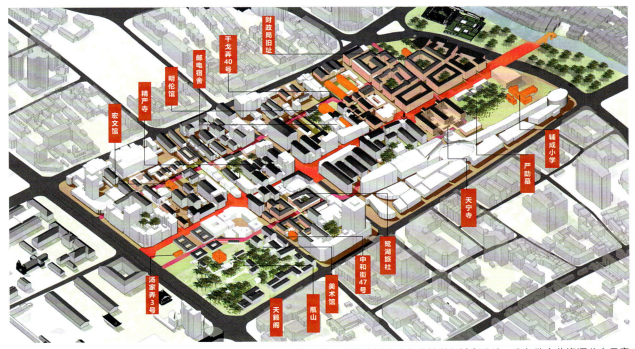

图 7-99　慢享古城中央文化轴详细城市设计：少年路文化资源分布示意

图 7-100　慢享古城中央文化轴详细城市设计："一街两巷、九弄七里"的整体街巷空间结构

少年路片区的空间风貌设计，巧妙地融合了现代中式风格、民国风情和精品未来元素，旨在丰富和活化沿街商铺的业态。这种设计不仅保留了传统的品牌，还引入了潮流业态，重塑了文化IP，进而为片区打造一个"时尚传统融合场""快慢交融共生所""文化基因再生点"和"城市事件发生地"的嘉兴城市客厅。在业态选择上，总师团队首先发挥老字号品牌优势，推动产品迭代，推出创新产品。同时，项目引入一线快时尚品牌，增加大型品牌旗舰店，充分利用旗舰店的集聚效应带动商业发展，促进新旧业态的交融，激发年轻人的消费活力。其次，总师团队为少年路片区导入购物体验、休闲娱乐、网红餐饮、文化民宿等多元业态，构建了一个快慢复合的多类型业态空间。进而，项目挖掘了嘉兴的历史文化基因，将海宁皮影戏、硖石灯彩、平湖派琵琶艺术等融入街区，打造沉浸式体验活动。此外，通过定期引入城市级文化活动的方式，项目有效地激发了街区活力，将街区打造为代表文化和艺术风貌的城市客厅。通过多种规划设计手段，最终，少年路片区的商业中心不仅得以复兴，总师团队还在这里传承了城市记忆，重塑了城市文脉，展现了市井嘉兴的绮丽景象（图7-102）。

在总师模式的指导下，少年路片区以传承城市记忆为总体目标，团队还深入研究了其历史文脉记载，通过真实呈现营造历史场所氛围，依托科学和灵活的手法，增加片区历史文脉的可读性——铜官塔就是其中的例证之一（图7-103）。选址位于少年路步行街中央，与步行街较为融合，并可结合灯光秀成为地标料，打造重塑历史街区、焕活人文活力的重要地标。铜常作为传统建筑复建的现代表达，嘉兴铜官塔的重建方案设计就选取铜作为建筑材料。嘉兴铜官塔始建于五代或北宋，清光绪三十年（1904年）重修，于1966年被拆除。原铜官塔为宋代风格砖塔，八面七级仿木楼阁式，底层设须弥座，以上各层设平坐、腰檐、勾栏。每面设有壶门、直棂窗，高度10余米。以铜作为材料，可规避砖石塔因材料产生的结构局限，从而可使复原塔的出檐更加深远，令塔的整体形态更加优美。

总的来说，通过总师团队一系列的规划设计策略，少年路片区将成为一个具有丰富文化内涵、多元业态融合、活力宜居的现代化街区，不仅保护和展示了嘉兴的传统历史文化，也为市民和游客提供了一个充满魅力的休闲娱乐空间，成为古城中轴线上的一道靓丽风景。

（6）天籁阁及瓶山公园

天籁阁是明代嘉兴文人项元汴的藏书楼，这座承载着深厚文化底蕴的藏书楼，是项家宅园的一部分，位于嘉兴城内瓶山西侧的灵光坊。这里收藏了包括书籍、书画、金石、彝器、墨砚等在内的众多文房雅玩，件件精品。然而，这些珍贵的藏品和建筑在明末的一场灾难中化为乌有。根据历史记载，项氏宅园内曾有过天籁阁、幻浮斋、撄宁庵、双树楼、花荨亭、博雅堂、读易堂等多座建筑，另配置有潭涡、竹柏、侧径、水石、藤萝等园林要素。虽然天籁阁建筑的具体形象并无明确的文献记载，但从项元汴的绘画中，我们可以窥见园居的审美意象——庭院、竹柏、假山、楼阁，以及赏画交游的景象。在天籁阁复建方案的设计中，团队结合江南地区留存至今的楼阁形制，选取"明代"和"嘉兴地区"为时代和地域特征，以藏书阁为建筑形制，以景观楼阁为形式特征，采取三重檐楼阁、攒尖十字脊屋顶、四出抱厦的元素，并以阁楼为中心，形成天籁阁复建的总体布局设计。阁楼前置方池假山，亭廊、植物等景观要素围绕天籁阁展开布局，原境布置展陈，拓展了书画鉴藏展览的新维度。通过园林化的总体布局特征，并充分考虑天籁阁与月波楼、瓶山阁等在立面尺度上的呼应关系，项目再现了幻浮斋、撄宁庵、双树楼、花荨亭、竹木水石等园林旧貌，设置了亭、廊、楼等园林建筑，并融入主题元素，设置曲水流觞庭院，让天籁阁成为文化交流的新场所。故园惊梦，通过当代雅集的活动，天籁阁的知名度和影响力在国

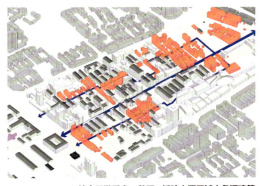 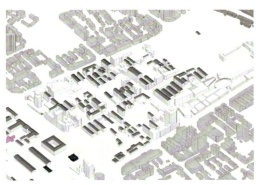 

1. 结合开发重点，整理、拆除主要区域内危旧建筑
2. 连通街巷网络，结合文化资源建设公共空间及文化地标
3. 少年路道路及沿街建筑改造，重点区域补充新建，与少年路联系成为完整系统

拆危　　　　　　　　　　提升　　　　　　　　　　　显文　　　　　　　　　　复建

图 7-101　慢享古城中央文化轴详细城市设计：重塑少年路历史街区规划策略图

图 7-102　重塑少年路历史街区：实景图

图7-103 少年路铜官塔设计效果图及实景图

内外得以传播。复建方案的设计还特别考虑了建筑群与外部的关系，主入口南部广场与少年路入口广场相结合，统一设计，形成了一个开放的入口和线性的引导。无论是从子城经地下通道过来的人流，还是乘坐有轨电车的人流，或是少年路广场的人流，都能通过主入口南部广场被引导进入天籁阁，使得这座历史悠久的建筑在精神文化意义上和物质空间意义上都能如桥梁一般连接各方。

瓶山，相传宋代此处设有酒务署，曾是酒类盛器的堆放地，后因弃置而成山冈，因而得名。登高望远，可以一览市容的全貌。尤其在冬季，白雪皑皑，满山银装素裹，形成了"瓶山积雪"的美景，被誉为嘉禾八景之一。民国七年（1918年），南湖烟雨楼中的八咏亭被迁移至瓶山上（后毁，今重建），增添了山景的韵味。山上还有一座名为"月波楼"的亭子，增添了文人墨客的雅兴。新中国成立后，瓶山被开辟为公园，山南脚下立有瓶山石坊门。瓶山备受文人雅士推崇，有较高的历史价值。

瓶山公园的修复性改造，在基本保持原有建筑与自然景观的基础上，与中山路等市政交通道路相结合，进行了精心的设计（图7-104）。设计采取了修剪植被、净化水质、打开空间，以及增加重要节点景观组团等措施，同时还对破损的建筑进行了修补，通过景观的手法，使得瓶山的历史文化底蕴得到更充分的展现。景观重塑主要集中在三个区域，包括公园北侧、八咏亭周围，以及水池周边区域。设计通过丰富景观色彩和植被层次，还原了诗中的意境，例如北侧和南侧边坡种植石蒜、箬竹，瓶山阁前增加鸡爪槭，八咏亭处增加梅花桩，南侧边坡增加樱花等。改造后的瓶山公园，四时之景皆可赏，春天可以欣赏到杜鹃、梅花、茶花、牡丹的竞相绽放，夏天紫薇石榴盛开，秋天有火红的红枫、鸡爪槭，冬天则可前来踏雪

图 7-104　瓶山公园（中山路段）日景（上）、夜景（下）立面效果图

寻梅，四季轮换，瓶山公园之美景各异，恰如一幅画卷吸引着游人前来欣赏。

（7）月河历史街区

月河历史街区，是嘉兴市区内保存最完整、规模最大、最能反映江南水乡城市居住特色和文化特色的区域之一，以其保存完好的鱼骨状里弄布局和水乡古镇的遗存，展现了传统水乡风韵和现代城市环境巧妙融合的魅力。这里因"其水弯曲抱城如月"而得名，充满了历史故事和文化气息。在总师模式的指导下，月河历史街区的保护和修复工作注重原真性保护和可识别性修复。总师团队致力于保护街区的空间肌理、水乡建筑风貌与色彩、文化遗迹，保护和再现月河老街古建筑和旧街巷的地理特征，以及古镇典型的人文历史（图 7-105a）。

针对性的建筑风貌延续是月河历史街区保护的重点，风貌特色所强调的是江南古镇的风韵。因此，项目保留了"白墙青瓦木屋"的建筑风格，传统山墙（如马头墙、硬山墙等）和屋（如甘蔗脊、纹头脊等）的建筑细节也被精心修缮保留（图7-105b）。此外，古建筑、古城墙门等遗迹得到原貌修缮，江南民居的排门、格窗和朴实风格的纸筋石灰墙等也被保留下来。月河历史街区的保护和修复工作，不仅保留和还原了其历史的原貌，也为现代人提供了一个近距离接触和体验江南水乡文化的场所，让江南水乡的古风古韵与现代城市的"活力脉搏"交汇于此（图7-105c）。

（二）湘家荡科创园

片区级系统项目中，除了有古城传统江南气质的延续，湘家荡科创园也作为嘉兴科创发展的有力体现，呈现了精彩的片区项目实施。嘉兴市，作为长江三角G60科创走廊和虹桥南翼的第一级，以长江三角洲区域一体化发展国家战略为引领，依托一小时通勤圈的轨道交通网络支撑，正努力打造成为长三角G60科创走廊沪杭段的区域性中心城市，并与上海、杭州紧密相连，融为一体，共同描绘同城化发展的宏伟蓝图。

在这片被长三角G60科创走廊引领的热土上，嘉兴市正精心构架着"三级产业空间"的壮丽画卷。依托交通高效便捷、基础设施完善、服务设施优质的优势，通过市域五个高铁站的建设，打造高铁新城，形成高效、高质量、高速的产业窗口。同时，依托乌镇、湘家荡等兼具城市服务与优美生态环境的集合，嘉兴将进一步形成科创大脑，发挥科研单位及高校的带动作用，激活全要素全产业链的发展。湘家荡科创园联动产业基地，形成完整的产业链，从研发制造到组装制造，打造科技创新、智能智造、成果转化、文化创意等为主要功能的高水平、高能级的孵化载体。湘家荡科创园，不仅是科研单位和高校的聚集地，更是全要素、全产业链发展的催化剂，让科技创新与智能制造交织出精密的火花。除此之外，依托世界级高铁、城际、高速的综合交通廊道支撑，以及良好生态环境塑造的支撑，承载最强大脑的创新势能，为这片生态环境紧约束的土地注入了无限活力，提供了城市能级跃升的新思路，让嘉兴在国土空间转型的新时期，焕发出更加耀眼的光彩。

1. 系统谋划

湘家荡原名相湖，又称相家湖。这个拥有着2000亩（约1.33平方千米）波光粼粼水面的天然湖泊，如同镶嵌在嘉兴大地上的一颗翡翠，散发着自然的魅力。湘家荡区域自然生态本底优越，拥有广阔的水域、肥沃的良田和茂密的森林，这般万亩水域、万亩良田、万亩森林的得天独厚的自然资源，不仅赋予了它生态与人文的天然优势，也使之成为省级旅游度假区和国家4A

（a）保护街区空间肌理、水乡建筑风貌与色彩、文化遗迹

（b）修缮、保留传统建筑风格与细节

（c）提供近距离体验江南水乡文化的场所

图 7-105　月河历史街区实景图

级景区。在这里，水上游乐、农业观光、生态旅游、养生休闲度假等活动丰富多彩，湘家荡区域也因此获得了"省级生态镇、省级森林城镇、小城镇省级样板"等众多荣誉称号。湘家荡区域作为嘉兴中心城区"九水连心""三楔十湖"的重要空间载体，不仅是衔接"两嘉一荡"重要的城市绿楔，也是蓝绿共生的田园水乡，它以其独特的生态价值特色化发展路径为基础，成为嘉兴以新风景引领新经济发展重要示范区。

在总师模式的引领下，湘家荡科创园区成为嘉兴产业三级联动的核心大脑，这片占地总面积45.25平方千米的区域，不仅是科创引擎的示范启动区和未来发展的核心区域，更以突出的生态优势，打造全球人居环境的最佳典范（图7-106）。湘家荡科创园区的落成，汇聚了全球顶级人才，导入了高能级科创产业，提升了长三角G60科创走廊的运输能级，放大了科创要素的赋能效应。在规划设计过程中，总师团队提炼了"一轴引领，两带连城，一镇四区，蓝绿渗透"的空间结构，塑造合理的空间功能分区（图7-107）。立足区域现状，各片区的主导产业功能和未来落位的重点项目，以"科创+旅游"为双轮驱动，依托七星镇区，形成"科创大脑"与"文旅产业"的核心功能区。在这里，基础科研、技术孵化、产业服务、高端制造等先导产业将成为外围推进的重点，上、下游产业生态产业链的构建将加速进行。同时，完善的生活服务、产业服务、旅游服务体系的配套建设，也将进一步为湘家荡区域（七星街道）的发展赋能，成为新时代城乡融合发展的典范。

湘家荡科创园区巧妙地融合了"自然生态、科创生态、产业生态、服务生态、文化生态"的资源禀赋，坚持"科创区+风景区"的双轮驱动策略依托教育、科研、人才的优势。结合嘉兴的区位和产业优势，湘家荡科创园区正在打造一个绿色生态引领、创新产业集聚、产城景高度融合的活力新城。这里将成为世界一流的科研、创新、制造产业集群，全力推进"大通道、大花园、大平台"的建设，借助长三角一体化战略的机遇，形成集"生产、生态、生活"为一体的水乡公园城。湘家荡科创园区正以世界级的"科创湖区"和"智慧水乡"旅游度假胜地为发展建设目标，实现资源的高度共享发展，助推区域的高质量发展。

秀洲区城乡融合发展试验区的总体规划，是一幅以自然为基底，以创新为动力的宏伟蓝图（图7-108）。在这幅蓝图中，秀水新区与湘家荡将成为引领发展的先导，它们以现状万亩农田、湖荡、森林公园为基底，将自然水景与城乡融合示范相结合，共同构建一个人与自然和谐共生的生态格局。在这里，全域功能与风景共融的城乡

图 7-106　嘉兴市南湖区湘家荡片区城市设计：总平面图

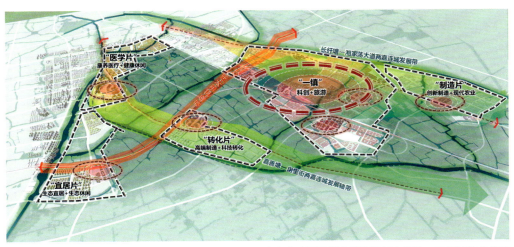

图 7-107　嘉兴市南湖区湘家荡片区城市设计：空间结构分析图

图 7-108 嘉兴市南湖区湘家荡片区
城市设计：鸟瞰图
图片来源：中国生态城市研究院沈磊总师团队

空间格局得以营造，创新链与产业链共进的产业体系得以培育，江南韵、小镇味和现代风共鸣的生活场景得以塑造，公共服务和基础设施共享的智慧支撑系统也得以建设。秀洲区城乡融合发展试验区将整体性地打造国家级湿地公园，推动秀洲区建设成为一个与自然相融、与繁华相邻的地方生态住地。这里，将融合世界城市群的绿色治理典范功能；积极促成城乡要素双向流动；打造全国标杆的产业协同示范；还将通过平台联动，实现全要素的网络格局文化保护；综合构筑具有传统文化特色的江南水韵区域地标，营造全球独有的人居环境风貌。

2. 实施呈现：南湖研究院及南湖实验室

在总师模式的引领下，团队推动嘉兴市政府分别与中国电子科技集团公司（以下简称"中电科"）、军事科学院（以下简称"军科院"）达成了全面合作协议，共同建立了中国电子科技南湖研究院（以下简称"南湖研究院"）及南湖实验室。这一战略举措，不仅引入了中电科的多支顶尖团队和未来科技研究领域的数百名博士，还吸引了军科院的多位院士或将军领衔的科研团队。这些高端人才的加入，为嘉兴的科技创新注入了强大的动力。其中，"两院两园"的建设是重点推进的项目。一方面，南湖研究院与中电科的合作共建，将现代研发功能融入中国传统建筑之中，创造了一个既对科研高效、对人居舒适的理想环境，同时还体现了预警机精神与红船精神的融合。另一方面，南湖实验室与军科院的合作共建，则打造了一个"共享交流、集约高效、弹性生长、诗意江南"的科创园区。此外，清华大学航空发动机研究院分院也落户嘉兴；北京理工大学与嘉兴市人民政府就共建北京理工大学长三角研究生院达成了一致，均为嘉兴带来更多的发展机遇。

南湖实验室的新建项目一期工程（图7-109），位于嘉兴市南湖区湘家荡的西南侧。该项目采用低密度、院落式的布局，与原有的自然环境紧密有机地融合在一起，总建筑面积81110平方米。这一项目，呈现了鲜明江南地域特征的顶级实验室，融入了水乡自然环境的空间布局，还积极采取面向可持续发展的建筑技术，实现了技术与艺术、环境与文化的多元交叠。

（1）呈现鲜明江南地域特征的顶级实验室

嘉兴南湖实验室，这一呈现鲜明江南地域特征顶级实验室的设计，一方面，通过精心的策划和定制化设计，满足了多个院士领衔的科研团队的各种需求；另一方面，又深深植根于嘉兴丰富的江南水乡文化之中，营造了一个科学、人文、艺术相结合的氛围。建筑的整体风格现代简约，符合科研建筑特色；在细节之处，又流露出江南独特的温婉秀气。建筑材料主要采用灰色金属和暖白色石材，局部立面融入特有的江南纹样，与"粉墙黛瓦"的当地建筑特征相呼应。建筑形体的虚实相间，体量布局错落有致，营造出曲折婉转的水乡场景，实现了建筑空间在历史文脉上的传承（图7-110）。这不仅是一个科研设施的建设项目，更是嘉兴市在科技创新和文化传承上的一次重要实践。

（2）融入水乡自然环境的空间布局

在嘉兴南湖实验室的规划中，空间布局与水乡自然环境的融合被赋予极高的优先级。规划布局采取的"一心、两翼、九院"的空间结构，巧妙地将现代科研功能与江南水乡的生态环境相结合，形成一个既和谐又富有创新精神的科研园区（图7-111）。"一心"指的是核心岛景观区，规划结合现有的里庄港，营造人工水系，构建了一个为整体园区服务的核心区域。核心岛景观区主要包含会议展示中心、生活服务中心，以及实验室办公管理综合楼，是园区生活和工作的中心。"两翼"则是环绕核心岛的两段水系，在环境美化和生态建设方面起到重要作用，它们如同一双展开的翅膀，为园区增添了灵动的气息。"九院"代表着9个研发组团，它们围绕着核心岛环形布置，形成了一个个独立的研发单元。其中，一期用地包括

图 7-109　嘉兴湘家荡南湖实验室（一期）：城市设计平面图

1—数字生命与智能医学研究中心；
2—先进生物制造研究中心；
3—可定义射频芯片研究中心；
4—动物房；
5—会议展示中心；
6—实验室办公管理综合楼；
7—生活服务中心；
8—预留研究办公；
9—预留公共服务；
10—对外交流中心

三个具有重要意义，堪称"国之重器"的研究组团，分别由张学敏院士领衔的数字生命与智能医学研究中心、陈薇院士领衔的先进生物制造研究中心和王沙飞院士领衔的可定义射频芯片研究中心组成。这些研究组团的存在，无疑提升了嘉兴在南湖实验室的科研地位。

除此之外，规划还最大限度地满足了分期建设要求，考虑到了远期用地的弹性灵活发展。在规划中，一期项目内部绿化和步道的设计连通至三期东侧的云罗洲公园及湘家荡湖畔，使得整个园区与周边的自然景观融为一体。而在场地的密度设计上，地上与地下空间的开发被巧妙地联动起来，地上保证低密度的园林化科研办公区，而地下则是一个整体连通的"营养基层"，提供功能支持并推动交流共享。场地设计还最大限度地尊重了原有的自然景观，不仅保护和梳理了水系，还对场地内原有的一棵百年大树进行了精心保护，营造出宜人的景观，在对科技创新追求的同时，也体现了对自然环境的充分尊重。

（3）面向可持续发展的建筑技术

在南湖实验室新建项目一期工程的建筑设计中，可持续发展理念被贯穿始终，整个园区被打造为一个绿色、智能的典范。为

图 7-110　嘉兴湘家荡南湖实验室（一期）：实景鸟瞰图

图 7-111 嘉兴湘家荡南湖实验室（一期）：环境布局实景

适应嘉兴的气候特征，并满足绿色建筑二星标准，项目采取了一系列创新的绿色建筑技术。首先，在建筑选材上，绿色环保装饰材料被广泛应用，不仅减少了环境污染，也保障了使用者的健康。下凹绿地和植草砖的设计，提高了园区的透水性和自然调节能力，同时美化了环境。新能源充电桩和钢结构体系的运用，体现了对可再生能源的重视和对传统建筑工艺的创新。而高效的围护结构热工性能，则确保了建筑的能源使用效率，降低了能耗。

其次，在智能化设计方面，园区内部的需求得到了充分的考虑。通信和无线网络系统覆盖了整个园区，保证了信息的快速流通。实验室的温湿度感知系统，能够实时监测并调节环境条件，为科研工作的稳定进行提供了保障。智能化控制、智能门禁、刷脸识别系统等方面先进技术的引入，提高了园区的安全性和管理效率，也使得园区更具科技感和便捷性。

这些面向可持续发展的建筑技术和智

能化设计，不仅为南湖实验室的安全、高效、韧性运转提供了坚实支撑，也展示了以湘家荡科创园区为代表的嘉善在科技创新和绿色发展方面的决心与实力。南湖实验室的建筑设计不仅将在未来的科研工作中发挥重要作用，也为城市建设的绿色转型发展提供了有益的参考。

（三）南湖纪念馆轴线及周边整治

1. 系统谋划

在嘉兴片区级系统项目中，南湖纪念馆轴线及周边整治，不仅是对嘉兴江南文化和科创发展相关片区级项目的补充，更是对这座城市深厚革命红色历史的致敬。南湖，这个中国共产党的诞生地，革命红船的起航点，不仅是大运河重要的水利工程遗产，更是嘉兴人民的母亲湖，是嘉兴向世界展示自己的城市名片。南湖旅游区，作为国家发展改革委等13个部门联合发文确定的100个全国红色旅游经典景区之一，是国家5A级旅游景区，同时也是大南湖区域弘扬红色文化的核心象征。它位于城市中轴绿楔、东部绿楔、西北绿楔，以及"九水连心"的交汇点，是集金融、行政、文化及生活居住为核心的城市中心片区，形成了嘉兴城市的"生态""生活""文化"中心。大南湖区域汇集了丰富的城市文化资源，展现了突出的江南园林风貌，具有重要的红色纪念意义，以及显著的公共和人民属性。这里汇聚了勺园、壕股塔、揽秀园等园林景观，汇聚了嘉兴市政府、体育中心、文化中心、市民广场等市政基础设施，更有南湖红船、南湖革命纪念馆、七一广场等革命纪念场地，同时还有梅湾历史街区及子城等历史文化风貌。在此基础上，大南湖区域又串联了南湖水岸、方湖、体育中心、人民广场、未来广场等多个重要节点，贯穿南北，集聚了嘉兴城市文化和服务的重要功能。嘉兴，作为党的诞生地和红船精神的发源地，承载着文化传承、展示与输出的重要使命。在总师模式的指导下，提升大南湖区域的整体价值，对于弘扬红色文化，传承革命精神，具有重要意义。对大南湖区域的建设，不仅是对历史的尊重，也是对未来的投资，让红船精神在新时代继续闪耀光芒。

对大南湖区域的整体提升，需要建立在深刻理解和尊重自然，以及城市历史机理的基础之上。规划中，总师团队遵循城市发展脉络，对嘉兴的文化传承和时代发展需求进行了综合研判考量。贯通子城、南湖、南湖革命纪念馆，远至高铁新城南北轴线的规划，不仅承载了嘉兴的历史文化，也展现了城市与时俱进的时代感。通过整合区域资源，完善区域生态及空间资源，规划有效提升了公共开放空间、滨水空间、公共配套设施的品质及联系，重点突出了南湖革命纪念馆的主体地位，营造了一个绿色、生态、可持续的区域生态环境。

在城市总规划师模式的宏观把控下，团队谋划了一条从子城到南湖，再到南湖革命纪念馆、体育中心、文化中心、海盐塘及高铁新城的核心轴线，形成了一条传承子城文化、激活江南文脉风韵的历史轴线（图7-112）。依托红色文化圣地的精神地标，这条轴线充分发扬红色精神，连接城市的历史与未来。基于南北轴线规划，总师团队进而提出建设人民城市，打造人气聚集的城市中心区的构想。以南湖革命纪念馆为核心，开展中轴线详细城市设计，旨在打造一条以自然景观、文化纪念建筑、公共建筑群、城市开放空间、城市绿化走廊为系统的城市文化及生态主轴线。在嘉兴"一心、两城、九水"的城市发展大格局中，"一心"是指老城与南湖，形成了中国古代城市特有的两条短轴，即古城轴线与南湖轴线。在建党百年的历史机遇之际，这一规划肩负着"嘉兴品质提升、创意水城江南、共建最佳人居"的使命，是构筑长三角文化复兴与城市更新的新标杆，是嘉兴打造高品质城市、推动高质量发展的重要载体。在南湖革命纪念馆轴线规划及周边片区整治的作用下，嘉兴不仅将巩固其作为红色文化圣地的地位，还将展现出江南水乡的现代化风貌，成为新时代城市发展的典范。

在总师模式的引领下，嘉兴市致力于重塑"双湖相拥、湖城相依"（即南湖、西南湖和古城）的空间格局（图7-113），以保护和充分利用南湖的环境和资源。规划提出串联连通大南湖区域的红色轴线，依托"湖山塔楼阁"延续江南园林文脉，保护和加强南湖与西南湖之间的联系，开展自然湖岛园林景观提升，优化南湖周边天际线管控等策略，旨在彰显整体价值和资源要素，将大南湖区域打造为国家级纪念场所和国家级文化公园。

结合大南湖区域水岸已有的文化资源，规划延续中国古典园林文化，适当融入地形，以形成自然的山水格局。建立了一湖、一山、一塔、一楼、一阁的大南湖江南园林佳境。其中，南湖作为"一湖"，启程山、壕股塔、烟雨楼、凌虚阁分别作为"一山""一塔""一楼""一阁"，共同构成了一个充满江南特色的园林景观。值得一提的是，启程山的设计，采用传统园林堆山手法，在自然水体和湖泊之间模拟自然山脉形式，得以塑造山水环抱的园林景观整体格局；同时，项目还结合江南地区留存至今的楼阁形制，在主峰建造凌虚阁，不仅增添了景观的层次感，也提供了俯瞰整个大南湖区域的绝佳视角。

此外，在大南湖的重要节点城市天际线的进一步营造方面，规划团队在总师模式的指引下，对南湖周边地区进行了详细的天际线研究。团队分析梳理了南湖周边高层建筑对沿湖城市天际线的影响，并从望湖楼、烟雨楼、壕股塔及端午祭坛等重要节点空间的城市天际线视线分析出发，对相关高层建筑提出了包括建筑体量、建筑色彩、建筑造型等多方面的整改提升建议。

嘉兴南湖轴线的打造，代表着嘉兴敢为人先的创新红船精神。轴线通过串联南湖湖心岛、中共一大南湖红船、南湖革命纪念馆、七一广场和人民广场等重要节点，明确了以人民为中心的功能定位，充分践行了"人民城市为人民"的理念，成了嘉兴城市精神象征最重要的组成部分之一。同时，这一轴线还连接了嘉兴历史上最古老、最重要的古城轴线，承载着嘉兴老城区最为重要的城市脉络，亦承载着嘉兴城市深厚的文化和发展历史。轴线的形成，见证了子城与南湖的古今交融，以及交融所表达出的嘉兴厚重历史与进步的精神，这也正是嘉兴"勤善和美、勇猛精进"城市精神的生动写照。

在总师模式的指导下，南湖中轴线的详细城市设计汲取了经典城市布局中公共开放空间的精髓，旨在打造一个开放包容的城市公共区域，营造城市核心区（图7-114）。这一规划理念将公共空间归还于市民，并将城市重大公共和主题特色活动引入核心区，形成嘉兴市开启新的历史机

图 7-112 嘉兴古城、南湖核心历史双轴线景观方案设计示意图
图片来源：中国生态城市研究院沈磊总师团队

图 7-113　嘉兴"双湖相拥、湖城相依"的城市空间格局

图 7-114　嘉兴大南湖区域轴线的城市风貌整治

遇期的重要节点。此外，规划也提出了一系列设计指引和标准要求，主要针对区域内的新建建筑和建筑改造设计、市政道路交通建设和改造设计、景观绿化建设和改造设计、夜景泛光照明建设和改造设计等内容。最终，南湖中轴线将以其独特的景观，展现嘉兴"九水间、南湖畔、百年圆梦忆红船"的景象，将南湖革命纪念馆区域打造成一个融合"红船肇始、嘉禾宜居"文化特色的生活和生态绿核。在规划目标与设计理念的指引下，南湖这一文化景观绿核节点将古城轴线与南湖纪念馆轴线连接在一起，实现对"九水连心"整体架构的呼应。

大南湖区域的整治提升工作重点围绕红色圣地、基础设施、公共服务、生态环境四大领域展开。这一系列提升措施旨在提升城市能级，改善城市面貌，增强民生福祉，并以高标准提升南湖片区的城市品质，扩大红色文化的影响力。大南湖区域的更新与提升，将使嘉兴市形成一个充满活力的中央活力区和生态示范区，并进一步促进嘉兴成为长三角地区文化复兴和城市更新的新标杆，为嘉兴打造高品质城市、推动高质量发展提供重要支撑。

2. 实施呈现

（1）七一广场

七一广场位于南湖革命纪念馆区域，是红色轴线上不可或缺的一部分，纪念馆前即为七一广场和方湖。改造提升工作旨在通过梳理现状植被，强化树的阵列感，从而增强广场的庄严氛围（图7-115）。通过建筑前界面的改造提升，尤其是在纪念馆建筑前设置的静水面，强调了纪念馆的宏伟形象，建筑倒影于水面，显得高大庄严。同时，由于水前绿篱过高，遮挡了倒影景观，设计遂移除建筑水池边界的绿篱，露出倒影池，建筑的檐柱从水中升起，增强了设计的视觉冲击力，进一步突显了纪念馆庄严而宏伟的形象。

此外，七一广场现状铺装老旧的问题也得到了关注。由于无法对广场整体进行全面翻新，改造方案专注于广场界面的重新处理。现状林地边缘的种植挡墙被建议改造为结合坐凳的设计，以此增加林下的休憩空间。除了对边界进行提升外，为方便夜间市民活动，广场的台阶上还增加了灯带。同时，广场的无障碍设施也得到了考虑。

位于七一广场前的方湖，设计夜间为市民提供水秀演出。然而，水岸目前还缺少供市民落座观看的座椅。改造方案利用现状亲水台阶，将部分台阶进行竖向改造，使其具备座椅功能；同时，此举还促进了方湖与周边慢行交通的连通。这些改造不仅提升了七一广场的功能性和美观性，也为市民提供了更加舒适和便利的公共空间。

（2）体育中心

打造南湖轴线的最关键要素及最核心的难点之一即是体育中心的改造。由于现状体育场南北看台阻碍了城市的视觉通廊，且体育场向心封闭，罩棚体量庞大，建筑形式与南湖纪念馆的建筑形式形成了鲜明的对比。因此，为了在全域城市风貌特色的基础上进行把控，嘉兴城市总规划师团队对现状体育场进行了改造。改造的措施包括移除罩棚，压低空间高度，打通南北部的看台，同时有效梳理了地上、地下交通的连贯性（图7-116）。这些举措旨在将轴线序列上的建筑与广场空间重新整合，形成一个和谐统一的空间组合，从而增强南湖轴线的文化和空间连贯性（图7-117），优化城市空间的视觉效果。

体育中心的改造提升项目，秉承以人民为中心的功能定位，旨在打造一个集政务服务中心、规划展示中心、文化艺术长廊、游客（市民）服务中心于一体的多元复合城市公共空间（图7-118）。这个空间不仅丰富了市民的日常生活，也为全民健身、嘉年华、文艺演出等"日间+夜晚"全时段的业态活动提供了全天候的场所，激活了城市中心区多元的、活跃的、积极的活力。改造过程中，保留了体育中心草坪、跑道和看台等设施，同时提升了这些设施供市民健身活动和休闲的功能。为满足大型文艺演出和嘉年华活动的需求，完善了场地、看台、座椅及配套设施。在此基础上，还在体育中心内部增设了

图 7-115　南湖纪念馆轴线景观方案设计：七一广场鸟瞰效果图

文化艺术长廊，充分体现公共空间的复合性，为游客及市民提供多元化的游览体验。

在改造策略上，采取了"生态为先、节约集约"最小干预的方法，保留了原建筑结构，进行了适度的改造。建筑材料和构件的可循环利用，旨在尽可能保留城市的历史记忆，同时采用生态技术措施，将改造后的建筑打造成生态型、节能型、可持续型的绿色建筑。改造还包括打通南北首层看台，形成一个从南湖大道至南湖革命纪念馆的开敞城市公共空间，延续了中国传统空间序列的格局。在建筑立面的改造中（图7-119），项目还抽取了南湖革命纪念馆的设计元素，使得改造后的建筑在形式和材质上与南湖革命纪念馆形成了遥相呼应的建筑组群，整体上形成风格协调统一的建筑群落。最终，体育中心的改造提升项目呈现了一个具有嘉兴特色的、礼乐相宜的复合城市公共空间，不仅提升了城市空间的功能性和美观性，也为市民提供了一个更加舒适和便利的公共活动场所。

（3）市民中心

市民中心同样是位于南湖轴线上的一个重要节点项目。基地内植被茂盛，临近海盐塘水系和市区内最大的中央公园，地块面积约13万平方米，总建筑面积18万平方米，其中地上面积为7.2万平方米，包含科学技术馆、妇女儿童活动中心和青少

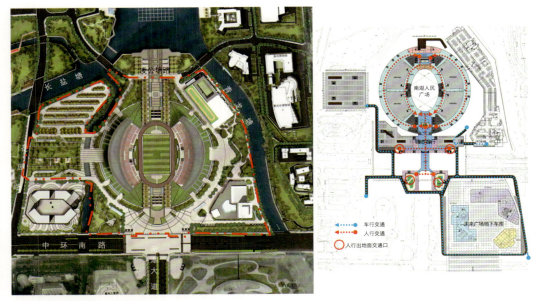

图 7-116 南湖纪念馆轴线景观方案设计：体育中心总平面及地下交通分析图

图 7-117 南湖纪念馆轴线景观方案设计：南湖南向轴线鸟瞰效果图

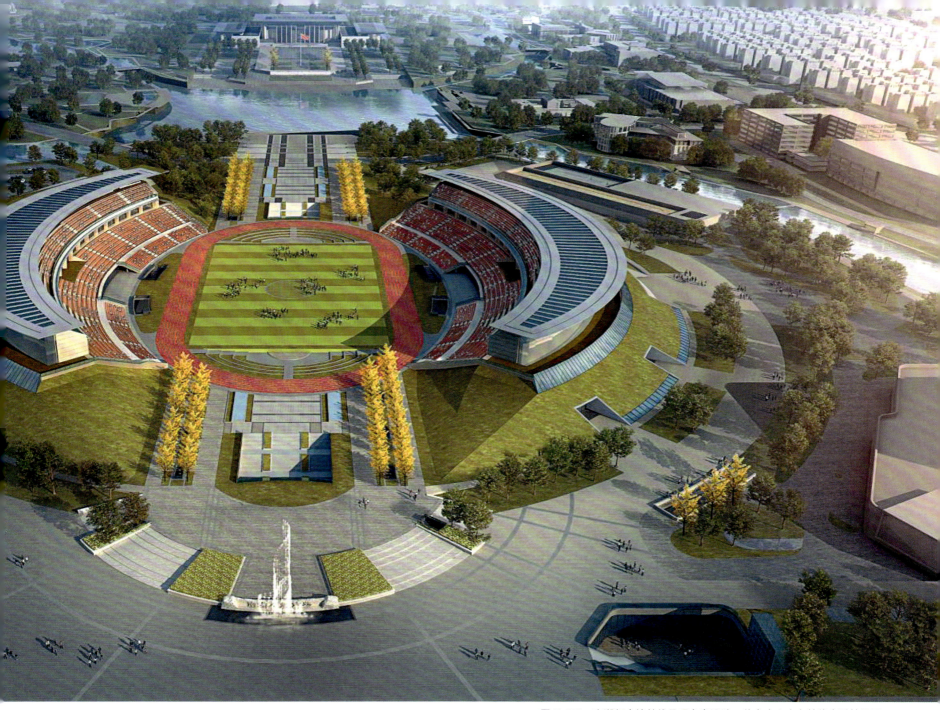

图 7-118　南湖纪念馆轴线景观方案设计：体育中心南向轴线鸟瞰效果图

图 7-119　南湖纪念馆轴线景观方案设计：体育中心北侧纪念馆人视效果图

年活动中心三个场馆。设计旨在打造一座公园中的景观建筑，以中央圆形草坪为中心，人和建筑在此互动、共享，形成一个更开放、更亲和、更具活力的新型城市空间（图 7-120）。

在建筑与建筑之间及建筑与环境之间的互动方面，三处场馆"手拉手"地连接在一起，通过环形屋顶围合成一个整体，线条有机流动，呼应了江南水乡的柔美与飘逸，展现了建筑的灵动之美。中央圆形草坪的抱合成圆设计使得建筑的大体量消融其中，与周围环境和谐共存。建筑表面覆盖着当地生产的白色陶板，既呼应了江南水乡传统筒瓦屋顶的特色，又体现了经济节能的理念；既提升了建筑的美观性，也考虑了可持续性和环境友好性。

建筑设计巧妙地将三个场馆的展览、教育和配套功能连贯地布置在曲线屋面之下，自然形成了组团和连贯的大动线。展览空间、剧场、教育空间、活动空间、互动娱乐等功能有机地结合在一起，相互补充，互不重复，避免了空间的浪费和重复建设，将土地让归于人和自然，节约了资源。流线型的白色曲线围合成一个大院，首层中央圆形草坪成为整个设计的核心。这个 6000 平方米的大草地成了新型城市公共空间，让每个市民都能在此聚集、休憩、游玩，而不仅仅是参加三个场馆的活动或参观展览。建筑的首层设有多个通道伸向四面八方，与市政交通以及外部景观接壤，将庭院中的草坪与建筑外围的公园、自然连接在一起。这个半开放半私密的场所可以有多种使用场景，除了日常活动，还是承载大型城市文艺活动的露天广场。在丰富市民公共生活的基础上，市民中心也为城市的文化活动提供了更多可能性，体现了以人民为中心的城市规划理念。

除了中央绿地，建筑中还设计了许多与之类似的开放亲民空间。建筑二层的露

图 7-120　市民中心未来广场中央绿地效果图

台是一条350米长的景观环廊和跑步道，市民可以从中央绿地拾级而上，来此散步或运动。从这里，市民还可以前往东侧的露天剧场和下沉广场，然后走进建筑外围的公园密林中，尽享城市中的自然野趣。基地内原有生长到一定树龄的大树都尽可能地被保留，并在此基础上进行景观设计，从而在不破坏场地肌理和自然形态的基础上形成一个新的自然公园。绿林中，蜿蜒的是康体步道和贯通围合建筑的通道，让人们可以在林中穿梭，欣赏滨河风光。毗邻南湖，坐拥中央公园的市民中心，其设计和建设是对嘉兴城市空间和生态环境的一次积极贡献。在保留自然生态的同时，设计也为市民提供了一个亲近自然、享受户外活动的空间，这是对江南水乡特色与现代建筑美学相结合的一次成功探索，更体现了人与自然和谐共生的规划理念。

三、组团级系统性项目
Group-level Systemic Project

（一）新时代"重走'一大'路"

在历史的画卷中，1921年7月23日至8月初，上海法租界望志路106号与浙江嘉兴南湖的红船上，见证了中国共产党的诞生。红色文化是嘉兴历史文化名城最重要的文化名片。时光荏苒，历史的足音仍在回响。在新时代的征程上，总师总控系统分类实施的模式在嘉兴开展了一系列组团级别的系统性项目，新时代"重走'一大'路"项目，以其独特的红色文化，再次成为焦点。"重走'一大'路"不仅是一次历史的回望，更是一次精神的洗礼。在建党百年的历史节点上，嘉兴围绕"不忘初心地"和"走新时代路"为主题，深入挖掘历史文化，展现风貌特色，精心打造"红色文化"特色品牌。传承红色基因、彰显红色文化内涵，不仅是对江南水乡城市魅力的再次彰显，更是对中共"一大"南湖会议这一重要节点特色文旅资源优势的传承与发扬。红色文化的旅游融合，是一项系统的重要工程，它既是文化工程，也是经济工程、教育工程、政治工程。在规划建设和旅游目的地的运营中，需要始终坚持高标准、高水平地展开规划设计工作，时刻注意维护红色文化的严肃性和纯洁性，避免因粗制滥造将红色文化庸俗化，亦不可因追求经济利益使红色文化商业化，而需时刻强调红色文化与旅游融合发展相关工作的历史意义，突出使命感和荣誉感。总师团队致力于让嘉兴这座历史文化名城凸显独特的红色文化魅力，书写着建党百年的新时代华章。

在嘉兴，总师模式的实践如同一笔笔精细的勾勒。通过整体性地把控规划目标、技术性指导规划实施为手段，团队坚持高起点定位、高水平规划、高标准建设、高强度推进的原则，犹如城市的记忆书写者，以城记事，通过路径重现的设计方式和体验式设计理念，将"重走'一大'路"项目塑造成嘉兴一道独特的风景线。从复建的嘉兴火车站老站房出发，一条历史的纽带将宣公弄、狮子汇渡口、鸳湖旅社及汤家弄一一串联，直至延伸至兰溪会馆、鸳湖旅馆，成为这段旅程的终点。这不仅是一条物理路径，更是一条穿越时空的文化走廊，将革命事件和嘉兴古城的历史片段交织在一起，讲述着不朽的红色故事。同时，在整体片区提升的过程中，以"重走'一大'路"的城市规划建设为引擎，规划对沿线片区，尤其是嘉兴老城区内部的人居环境进行综合提升，彰显了"一大"路红色路线建设对民生的引领作用。面对多主体对象统筹、多团队技术整合、多文化节点和要素集聚、多类型风貌协调、多功能空间属性、多效能集聚发挥等重重挑战，总师团队以总师总控的模式，以其整体性的规划管理，发挥统筹协调的关键作用。通过整合规划编制、开展技术审查和技术协调、技术性指导规划实施等规划管理方式，总师模式确保了规划目标的一致性和规划实施的高效性，促进了线性文化空间的多效能发挥。最终，"重走'一大'路"项目不仅被打造成了嘉兴历史文化名城中最为核心、最为精彩的篇章，更成了一张阅读嘉兴红色文化的"金名片"，有力地促进了嘉兴城市身份的彰显和文化自信的提升。

2021年中国共产党迎来了其壮丽百年的华诞。自1921年成立以来，这个起初仅有50余位党员的政党，已壮大成为拥有9000多万名党员的全球第一大党。习近平总书记在2021年初的话语犹在耳畔："2021年是中国共产党百年华诞。百年征程波澜壮阔，百年初心历久弥坚""我们秉持以人民为中心永葆初心、牢记使命，乘风破浪、扬帆远航，一定能实现中华民族伟大复兴。"这些话不仅是对历史的回顾，更是对未来的坚定承诺，坚定不移地迈向中华民族伟大复兴的宏伟目标。在这个庄严而神圣的历史时刻，嘉兴市以红色文化为核心，将"重走'一大'路"的规划与本地发展紧密结合，不仅丰富了旅游产品，拓展了旅游线路，更提升了城市的风貌，改善了市民的居住环境水平。这一规划不仅满足了传播红色文化的需求，也符合新时代坚定文化自信的需要，同时也是对"红船精神"的传承与弘扬。它不仅满足嘉兴市发展的需要，更是对建党百年的礼赞，对红色文化的传播，对旅游设施的拓展，对城市风貌的提升等多重功效的融合。这是中国共产党百年辉煌历程的一个缩影，也是新时代中国坚定文化自信、推动城市高质量发展的重要体现。

在建党百年之际，嘉兴市以其独特的历史地位和文化资源，启动了"重走'一大'路"项目。该项目深入挖掘嘉兴的地域特质、优势特色及资源要素，将旅游规划与主要旅游目的地所在的城市空间紧密融合、深度衔接，打造了一个以红色文化资源为基础、以"中共一大召开"历史事件为主题的新时代红色旅游项目。项目的目标是创建国内5A级红色景区，成为红色文化旅游的标杆，引领文化与商业的融合发展。

"重走'一大'路"的路线全长2.5千米，起点设在嘉兴火车站1921年的站房旧址，途经宣公弄、狮子汇渡口、鸳湖旅社及汤家弄，最终延伸至兰溪会馆（图7-121）。这一路线不仅重塑了城市空间，而且在改造过程中，还坚持秉持展现当地特色，满足使用需求，降低改造影响的改造原则，因地制宜地体现了城市分区空间结构。通过对建筑外观的修复，历史空间与现实空间、红色文化与地理空间实现了完美的融合，让每一位踏上这条路线的游客都能感受到历史的厚重与时代的脉搏。

在新时代的征程中，红色文旅的载体融合成了一种创新的发展模式，它将具有红色文化底蕴的相关产业进行外延，与城市的功能和各类生产、经济活动紧密相连，走向红色文化资源价值挖掘的内涵型发展模式。嘉兴的新时代"重走'一大'路"规划，正是这种融合的生动实践。规划对沿线片区的基础设施进行了精心改造，包括以"森林中的火车站"为主题的嘉兴火车站站房扩改建工程、建国街沿线原有建筑立面修复提升工程，以及狮子汇渡口遗址公园的重建工程等，这些组团内部的改建、重建项目，将城

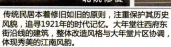

图7-121 新时代"重走'一大'路"：路线示意图

市游憩空间同旅游融合，不仅提升了城市的旅游吸引力，也增强了市民的生活舒适度和幸福感。在这种载体融合的理念指导下，市民和游客可以在古城墙公园内休憩，了解嘉兴古城的历史变迁；或登上城墙远眺，感受历史视角下江南水乡的文化韵味。总师团队致力于将城市的现有景观空间和功能节点与旅游载体巧妙结合，以共同服务于整个嘉兴的红色文旅事业。在"重走'一大'路"的规划中，团队打造了一条名为"初心之路"的精品旅游线路，它以铜条与红砖为引，铜钉标记节点，象征着中国共产党以首创、奉献、奋斗为内涵的"红船精神"。这条线路通过 14 枚铜带串联，将中共"一大"代表的活动路线以显性状态重新在大地上书写，让人民群众在游览时能够直观地感受到红色文化的力量，实现了文化与旅游产品的完美融合。这不仅是对历史的纪念和追溯，更是对未来的展望和启迪，让红色文化的精神在新时代焕发出新的光彩。

新时代"重走'一大'路"项目东起环城路，西至建国路。秉承着总师模式的先进理念，团队坚持对项目的高起点定位、高水平规划、高标准建设和高强度推进。借助品质嘉兴大会战指挥部工作组织系统的统筹协调，团队积极推进规划引领各专业专项整合，始终贯穿全程把控"重走'一大'路"重点工程建设，协调建筑与城市空间及公共活动的关系，对建筑、景观、展陈、市政、交通等各专项提出技术要求，确保整体品质。

"重走'一大'路"线路中嘉兴火车站至宣公弄段线路全长约 563 米，在这条线路上，途经的区域建筑环境风貌的空间属性丰富多样，涵盖了火车站集散、红色历史展示、商业配套、居住小区、教堂、公园、商业街道、历史建筑等多种空间功能。总师团队充分考虑各个区域的不同风格和街道属性，以凸显"一大"路独特历史地位的符号语言为核心，采用火车站嵌入铜条、宣公弄段加入"红砖 + 铜条"的现代化手法，巧妙地回应了不同区域特征。而狮子汇，为渡口名，这个位于环城东路宣公桥南的历史名地，经过改造后，将形成嘉兴环城河一处重要的古城遗迹和红色记忆的综合性地标景观。这里也是"中共一大南湖会议渡口旧址"的红色圣地，承载着中国共产党最初的梦想和信念，见证着中国走向繁荣富强的伟大征程。市民和游客可以在古城墙公园内休憩；也可以登上渡口城墙远眺，充分了解古城的发展变化，感受多彩的江南水乡文化；更可以循着革命的历程，考凭历史伟人的足迹，追寻独属于嘉兴南湖的红色精神。

1. 铜钉、铜带

在新时代"重走'一大'路"规划的详细方案中，总师团队巧妙地运用了铜钉和红砖作为串联历史的媒介。通过铜带与红砖的结合为指引，历史事件、场景和人物精神得以在原址铜钉、叙事铜钉、红船精神铜钉和重要景点铜钉中得到体现。同时，沿路在线路转折处设置引导性铜钉，这些铜钉不仅节点串联起了"初心之路"，还以此为媒介，成了沿线片区基础设施改造的重点，彰显中国共产党的创新精神。

在这条"初心之路"的设计中，共设置了22处铜钉（图7-122），以点状分布。它们分别是5处原址铜钉——火车站旧址、宣公桥原址、狮子汇旧址、鸳湖旅旧址、汤家弄旧址；3处表达红船精神铜钉——位于建国路上的两处"首创""奋斗"和鸳湖旅社区的"奉献"；以及贯穿整个线路散布着的6处叙事性铜钉——开天辟地、扬帆起航、立党为公、幸福之路、执政为民、时代变迁。此外，还有8处重要景点铜钉——1921时光长廊、老故事展馆、历史民居、宣公祠、新宣公桥、子城、瓶山公园、灵光井。为更好地展现这些铜钉，团队采用铜条加两侧红色95砖立铺的方式，以遵循50毫米×60毫米×50毫米的尺寸标准原则，串联起22处铜钉，这些铜钉和红砖的组合不仅形成了整个"一大"路的导向和指引，还为游客重现了当年"一大"代表在嘉兴的活动线路，在嘉兴形成一条红色旅游精品线，以此纪念和追溯我党以首创、奉献、奋斗为内涵的"红船精神"。

2. 森林中的火车站

在浙江嘉兴的繁华都市之中，有一处与众不同的交通枢纽，它就像森林中的一颗明珠，静静地坐落在南湖区的核心地带。嘉兴火车站，地处嘉兴主城区、老城市中心南湖区的核心。这个迎接建党一百周年的重要改扩建工程项目，自2020年6月23日开工以来，就备受瞩目。它启用通车于2021年6月25日，站体设计为地面一层、地下多层，不仅标志着嘉兴交通史的新篇章，更是中国首个全下沉式火车站（图7-123）。

改造前的火车站，建于1995年，站房面积仅4000多平方米，已经不堪重负，吞吐量达到上限。改造前的火车站周边交通混乱，配套设施不完善，公共设施短缺，这一系列问题一直困扰着火车站的发展，使得周边区域及产业结构难以升级。如今，这一切问题都在改扩建工程中得到解决（图7-124）。车站设计巧妙地将原本混乱的地面广场交通枢纽安置于地下，将"人民公园"的绿色空间放大，让它自然延展至35.4公顷（35.4万平方米）的地上区域。原来的站前交通枢纽被移至地下，与下沉的城市道路完美接驳，既保证了市民和游客的便捷出行，又满足了新增商业功能引流带来的客运需求。站前南广场，仿佛是连绵起伏的绿丘，未来将包含七座承载着人文商业、

图7-122 新时代"重走'一大'路":铜钉、铜带设计图及实景图

图7-123 新时代"重走'一大'路":森林中的火车站效果图

酒店功能的建筑，以及紧邻新站房占地约1公顷的中心草坪。这些建筑体量分散，7座建筑分布在绿丘上下，如同漂浮在大地之上的翠环，充满未来感。此外，中心草坪将成为音乐会、艺术节、惠民市集等室外活动的绝佳场所，成为嘉兴火车站片区最主要的人文、商业、公共活动空间（图7-125）。嘉兴火车站的改扩建工程，不仅是一次交通枢纽的升级，更是一次城市空间的革命，将自然与城市完美融合，打造了一个既现代又生态的森林中的火车站。

回顾历史，嘉兴火车站始建于1907年，于1909年投入使用。这个沪杭线上的重要交通枢纽，成了1921年中共一大召开的重要历史见证。然而，它在1937年不幸被日军炸毁。为了让这段历史重新焕发光彩，实现忠于老站房历史原貌的1:1复建，总师团队特别邀请了古建专家、学者及顾问团队形成合力，通过对大量历史资料的分析和数字复原，根据轨距并利用透视原理，推导出雨棚、天桥、月台站房之间的关系和尺寸，成功重现了历史上的站台、雨棚及天桥。而另一侧，紧贴着复建站房的，是新站房的"漂浮"金属屋顶。新站房的进出站平台和候车大厅都被收至地下，地上仅"消隐"为一层高度。这样的设计既尊重了老站房的尺度，又谦虚地与之呼应。为满足新站房尺度亲和、细节人性化、视觉整洁愉悦、

图7-124 新时代"重走'一大'路"：森林中的火车站节点改造图

出行体验舒适等高品质要求，新站房的室内整体设计为白色极简风格，从多方面突破了国内火车站固有的标准化模式。

新站房的屋顶全部使用太阳能光伏板，投产后预计年发电量达110万千瓦·时，相当于每年减排约1000吨二氧化碳。改造后的火车站由原来的3台5线扩大至3台6线，上、下行正线各设2条到发线。预计到2025年，嘉兴火车站全面客运量将达到528万人/年，客运高峰时每小时可容纳2500人左右。改造后的嘉兴火车站，不仅是一个交通枢纽，更是一个高质量的城市人文空间。它超越了实用主义、功能主义，将市政建筑、公共建筑的属性拓展，转而打造一个具有高质量人文色彩的城市综合空间，对中国正在进行建设或更新的众多城市带来转折性的启发意义。这或许将成为中国城市发展的下一个里程碑。

3. 狮子汇渡口

狮子汇渡口，这个位于嘉兴市主城区环城东路宣公桥畔的历史胜地，同样是嘉兴迎接建党百年的重要项目之一。狮子汇为渡口名，作为新时代"重走'一大'路"工程中的重要节点，狮子汇渡口更是代表了中国

图 7-125 新时代"重走'一大'路":森林中的火车站实景图

共产党的诞生地，承载着深厚的红色记忆和历史意义。改造工程的主要内容包括旧址纪念碑的设立、春波门城墙的复建、瓮城遗址的展示、伟人群雕的抬升，以及周边景观的提升等。设计以国际化的视野和精细化的品质，以总师总控模式为领导，实行设计、施工全过程的管理模式，旨在打造一个既尊重历史又融入现代的综合性景观（图7-126）。狮子汇渡口是一个参观频率较高、来访人数较多，但品质却始终较低的场所——这源于其基础设施残旧，场地流线及景观品质与地块的属性不符。改造前的狮子汇渡口，中共一大代表群雕破损严重，致使原有参观场地已无法与其重要地位相匹配。为增加伟人的庄重感，项目对伟人雕塑进行了整体品质的提升，高度抬高了0.6米，并对伟人雕塑进行了修复。改造还重新规划了场地布局，颠覆了人们对于传统红色游览地的刻板印象，而是希望将该地块作为城市公园的一部分，为市民提供完善、舒适的使用功能。改造后的狮子汇渡口（图7-127），增设驿站、茶室、公共卫生间等设施，优化了现有码头，为市民和游客提供了一个集文化体验、休闲娱乐于一体的公共空间。设计巧妙地融入包含文化元素的特色铺装，设置了规模适当的参观停留广场，使这里不仅成为历史的见证，也成为市民生活的一部分，让人们在享受现代生活便利的同时，也能感受到历史的厚重和红色文化的魅力。改造后的狮子汇渡口，按照5A级景区标准进行打造，成为了嘉兴老城区一处重要的古城遗迹与红色记忆的综合性地标景观。人们既可以感受江南水乡文化，在古城墙公园内休憩游览；也可以跟随伟人的脚步，感受当年胜景，在"中共一大南湖会议渡口旧址"的红色圣地了解这座古城的发展与变化（图7-128）。

为了重现1921年伟人在狮子汇渡口上船的历史场景，项目团队特别邀请了古建专家、文化专家和当地学者，查阅了大量的文史资料、古地图记载及地方志书籍。经过专家们多方的考证，确定了旧址的位置，并设立了旧址纪念碑。在考证出狮子汇渡口同时也是嘉兴老城区的东城门"春波门"所在地之后，专家们提出了以1:1比例复建"春波门"城墙的方案（图7-129）。春波门是嘉兴古城四门之一的东门，根据古城资料参考，最终确认城墙的长度为78米，高度为7.7米。城楼的底层面积为92平方米，二层面积为38平方米。陆门高5.2米、宽3.5米；水门高5.2米、宽4.25米。城墙底部由三层金山石构成，上部则为城墙砖，城墙砖的尺寸为360毫米×170毫米×80毫米。设计还在城墙的城楼室内设置了展陈设施，用现代化的方式科普、宣传嘉兴的城市历史和文化。

图 7-128　新时代"重走'一大'路":狮子汇渡口实景图(二)

图 7-126　新时代"重走'一大'路":狮子汇渡口效果图

图 7-127　新时代"重走'一大'路":狮子汇渡口实景图(一)

图 7-129　新时代"重走'一大'路":狮子汇渡口春波门效果图

2020年6月，省、市文物部门在此区域进行勘探时，发现了始建于元末明初的嘉兴罗城东门瓮城旧址。罗城，是指与子城对应的外城、大城，这是嘉兴首次发现的罗城遗址。设计对遗址城墙进行了保护性展示，整体思路是以合理布局、尊重历史、重现场景为核心，将地下展示融合于场地中。瓮城遗址的展示面为玻璃地面，面积为48平方米。城墙基础宽约1米，外包面基础长约10米，内包面基础长约4米。基础立面均由条石错缝砌筑，内侧由石块和青砖堆砌填充。这些复建和保护工作不仅恢复了历史的原貌，也让现代的人们能够更加直观地感受到历史的厚重，同时也为嘉兴增添了一处重要的文化景观，让市民和游客在参观的同时，能够更好地了解和体验嘉兴丰富的历史文化遗产。

4.鸳湖旅馆

鸳湖旅馆是位于嘉兴市老城区的历史性地标，临近少年路、瓶山公园。它北靠竹篱弄，东临竹篱路，南接中和街，西至规划道路，周边路网交通便利，地理位置优越。鸳湖旅馆的重建不仅将为嘉兴增添一处静谧雅致的文化街区，也将成为"重走'一大'路"上的一个重要节点。

鸳湖旅旅馆始建于民国初年，其旧址位于当年城中心的张家弄寄园外，即现在勤俭路中段的人民剧院附近。旅社本身是一栋三榀二进的砖木结构楼房，其特色在于砖砌墙面和线缝中镶嵌的红砖。旅社居中的两扇大门由圆柱型门柱支撑，两侧是窗户，大门和窗户都采用砖砌拱券。中为天井，装有玻璃天棚，而后方的楼房则有廊道和木制栏杆，前后相通，营造出一种古典与现代交融的氛围。

鸳湖旅馆的重建项目规划（图7-130），是对嘉兴市老城区历史文化的珍贵复刻。尽管关于鸳湖旅馆的具体建筑特征，并没有详细的图片和文字记载，但通过南湖革命纪念馆的多方调查和收集到的线索，得以重现这座具有重要价值的历史建筑。根据相关调查线索，鸳湖旅馆是当年嘉兴城内比较考究的客栈，房屋建筑采用砖木结构，为两层楼房，前后共有两进，每进三间。中心区域是一个铺有方砖的天井，顶部覆盖着玻璃天窗。围绕天井，楼上和楼下各有一圈走廊，客房则以"福""禄""寿""禧"等吉祥词汇依次编号。项目的规划严格按照原有建筑的空间布局进行复原，中间设置天井，前后两进围绕天井布置，每进三间房间，使用功能为纪念建筑。复原后的鸳湖旅馆总建筑面积475平方米，地上二层，主体建筑高度9.195米。

鸳湖旅馆的建筑设计以青瓦、墙砖和红色栏杆为主，形体布局展现了江南水乡里巷的古香风韵特点（图7-131）。在景观设计方面，采用现代手法，结合建筑形态和色调，从铺装、空间节点等细节入手，突出街巷典雅古朴、静谧雅致的风格。通过线性铺装的强烈指引性，红色文化被融合于铺装中，特色地面镂刻钢板的使用，让红色记忆沿着铺装缓缓展开，亦让参观者能够重温先辈的革命历程，秉承精神，砥砺前行。在场地交通方面，鸳湖旅馆的北侧和西侧设有市政道路，主要的人行出入口位于北侧的竹篱弄，并设有入口广场。东西两侧也设有次入口，方便与两侧的旅馆和文创工作室联系。同时，东侧还设有临时停车场地，而南侧则以临时绿地和休闲广场为主。

在鸳湖旅馆的总平面布局方案中，既可满足项目的使用功能，也可以提升城市景观效果，同时获得优良的内部空间。重建后的鸳湖旅馆将保留各类历史要素，同时融入现代的设计理念，使之成为一个集文化、历史和休闲于一体的综合性场所，为嘉兴老城区注入新的活力。在这里，市民和游客既能体验到嘉兴深厚的历史文化，又能感受到这座城市的现代脉动。

（二）南湖天地

一百年前，南湖见证着一个伟大政党的诞生，中国共产党这颗新星从此冉冉升起；时光荏苒，百年后的嘉兴南湖，已经

图 7-130 新时代"重走'一大'路":鸳湖旅馆复建效果图

图 7-131 新时代"重走'一大'路":鸳湖旅馆复建实景图

成了城市的客厅和核心场所。南湖周边提升的重要目标,就是要将南湖重塑为高质量的公共空间。在组团级别的系统性项目中,南湖天地的规划与建设,正是为了将这片水域重塑为高质量的公共空间,形成嘉兴提升的重要活力引擎,让每一位市民都能感受到南湖的风光和文化的深厚底蕴。在南湖天地项目中,历史的红色文化与当代的创新精神交织,展现了嘉兴独有的历史精神与创新活力。项目位于南湖湖滨片区,紧邻中共一大会址,自然景观与历史人文景观在此交相辉映。这里保存着众多历史文化保护建筑,有见证了中国初期民族资本的兴起、近现代留存最早的工业建筑的绢纺厂及仓库,以及早期留存的幼儿园与南湖书院等,它们是嘉兴城市文化脉络的重要线索。经过多轮的城市发展规划,南湖天地成了嘉兴市中心区域有机更新最重要的区域,它不仅承载着历史的记忆,更引领着城市走向未来。

在总师总控模式的引领下,团队深入挖掘了南湖周边地区的生境、史境和城乡格局本底,旨在营造南湖周边繁荣活力,打造一个充满活力的城市客厅(图 7-132)。南湖天地项目,犹如一幅精心的画卷,将工业遗产与老旧社区的有机更新巧妙地融入现代城市的血脉,使之焕发新的生机。绢纺厂的遗韵、南湖中学的书声、南湖革命纪念馆的庄重、红船及烟雨楼的传奇、老码头的喧嚣、南湖水塔的守候,这些历史的见证者,如今成了南湖天地不可或缺的一部分,通过总师团队精心的在地性保护,建筑与南湖整体环境共同织就了一个集休闲、商业、娱乐、工业遗产保护等多功能于一体的城市公共空间——"南湖天地"城市客厅(图 7-133)。项目中,团队秉持对场地城市肌理的尊重,在对原有风貌保留的基础上,以保护复建历史建筑为核心,不断探索沉浸空间的场景设计与城市关系的深度融合。总师团队将嘉兴南湖的独特元素巧妙变形,并融入空间设计之中,打造了一个集艺术品位、潮流时尚、旅游休闲为一体的体验式开放商业街区,生动地为城市的历史文化公共空间注入了互动与艺术的灵魂,从而创造了更大的空间价值与开放空间的全新生机。项目策划中的"文化商业路线""初心生活路线""历史工业路线"三条线路主题，将文化、历史与现代合理整合融入，将城市商业、休闲旅游场景完美融合，营造了生动的空间记忆节点，既致敬历史，又承启未来。与此同时，在对嘉兴城市风貌特色的整体把控与协调下，南湖周边地区的建筑高度被统筹规划——片区城市天际线风貌以南湖湖心岛为核心，半径500米范围内的建筑限高为9米，其他建筑限高则为12米，这一举措确保了南湖天地的建筑风貌与中心城区的城市风貌协调统一，在历史与现代的交叠中共同缔造美好家园（图7-133）。

南湖天地，这个占地300亩（约20万平方米）、总建筑面积达22万平方米、地下建筑面积16万平方米的综合片区，是嘉兴城市规划中组团级系统性项目的一项重要实践。在总师模式的指导下，规划团队遵循"保护为主、合理利用"的原则，对现存的历史文化保护建筑进行了精心的改造和修缮设计。这些历史建筑的再生，不仅保留了城市的记忆，更是激活了商业街区的有机整体，为其注入新鲜活力。南湖天地逐渐成为嘉兴市的新晋网红打卡地，重新塑造了嘉兴魅力湖畔的形象（图7-134）。2021年6月19日，南湖天地正式向公众开放，迎来了日游客量超过10万人次的盛况。这一数据不仅展示了南湖天地对嘉兴城市活力的巨大激发作用，更是市民对这一项目高度认可的明证。南湖天地以其独特的"江南韵、国际范"城市特色，成了嘉兴的一张亮丽名片，展现了总师总控模式在嘉兴的规划实践成果，发挥出其在现代城市规划中的重要作用。

在南湖周边地区的规划设计蓝图（图7-135）中，嘉兴绢纺厂是组团的核心，其历史印记被巧妙地转化为现代城市的一部分，与南湖书院和南湖革命纪念馆这两个重要文化节点相互辉映。规划依托党建广场、南湖广场、迎宾广场和滨水花园等开放空间，以及延伸的城市绿带，构建了"一芯两核、六大团组"的空间结构（图7-136），将历史传承与地域特色融入现代建筑体系之中，营造出一个充满活力的漫步式先锋生活空间。

其中，"党建广场团组"连通了南湖革命纪念馆、鸳湖旅社、古牌坊渡头3个重要文化建筑，旨在打造区域党建焦点，成为"重走'一大'路"南湖段的重要门户空间。"鸳湖里弄"以其高端餐饮、特色酒店的业态为主要呈现，建筑围合成不同尺度的里弄、街巷与广场空间，通过露天廊桥连接，形成了一个丰富多变的空间体系。"嘉绢印象"是对嘉兴绢纺厂的一次创新转化，老旧建筑变身为综合购物中心的同时，也保留着传统建筑的风貌。艺术空间、国潮品牌旗舰店、大型书店等功能的艺术植入，不仅

图 7-132 南湖天地城市设计：鸟瞰图
图片来源：中国生态城市研究院沈磊总师团队

图 7-133 南湖天地城市片区整体实景图

图 7-134 南湖天地整体鸟瞰实景图（一）

图 7-134 南湖天地整体鸟瞰实景图（二）
图片来源：中国生态城市研究院沈磊总师团队

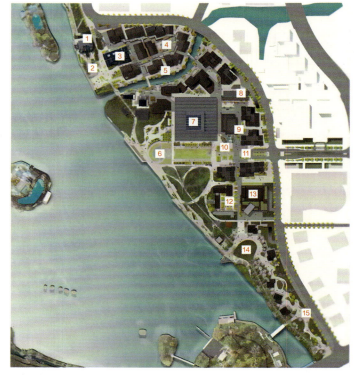

1—南湖革命纪念馆；
2—老码头；
3—鸳湖旅社；
4—南湖天地；
5—河畔餐饮；
6—西下沉花园；
7—嘉兴绢纺厂厂房；
8—纱厂仓库；
9—嘉绢印象；
10—东下沉广场；
11—迎宾广场；
12—南湖书院；
13—发布厅；
14—南堰新景；
15—水塔广场

图 7-135　南湖天地城市设计：总平面图

图 7-136　南湖天地城市设计：功能分区图

丰富了南湖天地的历史人文情怀，也为市民提供了多样化的文化体验。"南湖书院"则围绕书院历史建筑多样化布置空间，研学体验馆、创新博物馆、湖滨剧场等文化空间的配置，增强了空间的互动性和体验性，让人们在参观学习的同时，感受南湖的历史韵味。"南堰新景"板块以景观设计为主要手法，点缀着轻食餐吧、茶馆小亭等休闲娱乐空间，既为滨水公园增添了活力，也成为手作市集等社群活动的重要聚集地。"滨水绿带和滨水花园团组"，通过单车、步道、跑道等绿色景观动线，与咖啡厅、茶局、书店等静态休闲设施相结合，共同打造了一个市民休闲、游憩、交往的特色场所，通过南湖周边地区的空间活化，打造一个充满生活气息和文化魅力的城市客厅。

1. 嘉兴绢纺厂

嘉兴绢纺厂始建于1921年，这座工业遗产承载着嘉兴近现代工业发展的厚重历史。它是嘉兴目前保存下来的最早、规模最大的近现代工业建筑群，见证了民族资本的兴起、日伪时期经营的苦难、官僚资本的压迫，以及中华人民共和国成立后迂回曲折、艰苦创业的历程（图7-137）。针对绢纺厂的改造再利用，项目将其转化为综合购物中心"嘉绢印象"，不仅是对历史的深刻致敬，也是对未来的积极拥抱。

在改造过程中，建筑保留了其历史独特的楔形屋顶，通过增设钢结构，原本的木析架得到安全性加固，而斜面天窗的设计则极大地保证了自然光照射下室内的亮度和明暗的均匀。在原有建筑肌理的基础上，立体且有质感的青砖立面被复建，在对历史重现的基础上也用现代创新元素加以融合。建筑文脉的延续和人文情怀的体现，在嘉兴绢纺厂的改造过程中，都得到了充分的展示（图7-138、图7-139）。

嘉兴绢纺厂东侧的通透商业体与下沉广场的巧妙结合（图7-140），形成一种视觉上的虚实对比，这种对比不仅丰富了建筑和环境的光影变幻，还产生了一种有趣的古今对话。新建商业的现代玻璃材质与改造后的嘉兴绢纺厂的传统砖木外立面相互映衬，展现了一种时间与空间的和谐交融。在"绢纱舞台"的中庭空间，项目运用水泥漆和白色涂料，以呼应工业建筑的历史记忆。通过金属网和智能灯具的巧妙搭配，设计创造出一种状若绢纱的轻盈灵动质感，既有效延续了场所历史记忆，也增强了现代空间的特色体验。对工业建筑和文化建筑的保护与再生，形成一个以嘉兴绢纺厂为中心，辐射南湖革命纪念馆和南湖书院的社交互动场所与商业文创空间。这个空间饱含历史探索感与文化体验感，不仅丰富了嘉兴的历史文化积淀，传承了场所的记忆，而且通过多元复合的城市公共空间，回应城市发展的时代诉求。在这里，市民和游客可以探索历史，体验文化，享受商业带来的便利，同时也能感受到城市发展的脉搏和活力。

在嘉兴绢纺厂的改造中，建筑细部的设计细节，体现了项目对传统建筑语言的现代诠释、材料质感的巧妙融合，以及富含地域文化特色的装置艺术运用。这些元素共同作用，将嘉兴南湖的历史文化重新激活，并与现代风格完美融合，创造出独特的建筑文化感受和空间气质。建筑立面上，金属封面、玻璃幕墙和格栅的金花造型交相辉映，丰富了建筑立面的层次感。大量使用的复古砖石在不同的材料之间实现了和谐过渡，营造出建筑在尺度体量和古今历史之间的对话。此外，项目还对传统屋檐语言进行了现代演绎，提炼和演化出具有各种屋檐语言类型的街坊建筑形体，如高低错落的层檐、动态延伸的挑檐等，这些各具特色的设计细节不仅唤起了人们对老街的记忆，也展示了对城市有机更新新景的展望。

"嘉绢印象"不仅是简单的购物空间，更是一个融合历史与现代、传统与创新的文化地标。在这里，市民和游客可以感受到嘉兴工业发展的历史脉搏，同时也能体验到现代商业的便捷与舒适。嘉兴绢纺厂的改造，是总师模式下城市规划实践的一个典范，它展示了如何在保护历史遗产的同时，为城市注入新的活力和魅力。

图 7-137　嘉兴绢纺厂旧貌

图 7-138　嘉绢印象改造效果图

图 7-139　嘉绢印象改造实景图

图 7-140 嘉兴绢纺厂东侧商业体与下沉广场的结合

2. 鸳湖旅社

"鸳湖里弄"与"嘉绢印象"隔河相望，以高端餐饮、特色酒店为主要业态，是嘉兴水乡建筑特征元素的现代诠释（图7-141）。这里的设计深入挖掘了嘉兴水乡的建筑特色，提炼相关水乡建筑元素，兼顾历史与现代，运用现代材料和空间营造手法，建设出具有地域性风貌的建筑。这里以嘉兴老街的空间体验为主要的空间原型，通过对传统空间形式、材料质感、细节语言的研究，重新创造出一个现代演绎的全新开放空间，唤起人们对于街巷生活和场地历史的记忆（图7-142）。

鸳湖里弄的建筑群围合成不同尺度的里弄、街巷与广场空间，整体建筑群落基本控制在两层体量，以尊重公园场地开阔与生态的场景特征。建筑之间以露天廊桥连接，形成丰富多变的空间体系。细腻的流线组织将不同尺度的公共空间通过街区串联，将消费空间、历史文化空间、公共开放空间、绿色景观空间有机结合，形成一个独特的城市目的地。

"鸳湖里弄"的设计细节体现了对行人体验的密切关注。在走廊有出口的店铺上方设置花架，既为行人提供了遮阳避雨的功能，又增添了景观的美感。这些花架的形式延续了建筑的坡屋顶线条，采用两种密度的装饰百叶相互穿插，使得行走在其中的体验空间连贯、光影变幻，营造出一种动态的视觉享受。对于雨棚的设计，从当地南湖菱角叶子的底部叶脉肌理中汲取灵感，创造出具有高低错落层次的结构，既体现了地域文化特色，又打造了一个具有标识性的空间装置。镂空的"菱角叶子"设计在不同时节形成了丰富的光影空间效果，为鸳湖里弄增添了更多艺术的气息。

3. 穿街水巷

在南湖天地游客和市民可以享受高品质的餐饮和住宿服务，同时也能从现代化的建筑群落细节中体验嘉兴水乡的独特风情，其中的"穿街水巷"（图7-143、图7-144），打造了不同组团之间隔河相望的互动态势，增添了水乡的别致韵味，不仅为嘉兴增添了一处商业和文化交融的热点，也为南湖天地核心片区的城市天际线增添了一道美丽风景。它是对嘉兴历史文化的一次致敬和转译，也是对现代城市生活的一次积极拥抱，展现了传统与现代的和谐共生。

4. 南湖书院

南湖书院坐落在中轴线的迎宾广场上，是嘉兴深厚人文历史的见证。嘉兴的建制可以追溯到秦朝，拥有两千多年人文历史的文化积淀，自古以来就崇尚教育，孕育了无数名人学士，而书院则在全国各地的文化教育中扮演了重要角色，对后世产生了深远的影响。南湖书院不仅是对中国传统书院历史的见证，更是对文化的传承与创新。在这里，围绕书院的历史，设计配置了研学体验馆、创新博物馆、湖滨剧场等文化空间，为市民和游客提供了丰富的文化体验。两侧的建筑以迎宾广场为中轴对称排布，不仅增强了空间的互动性，也提升了体验性，使得南湖书院成了一个集教育、展览、表演于一体的综合文化中心（图7-145）。

5. 南堰新景

"南堰新景"以独特的设计理念创造了一个公园式的漫步空间和错落有致的多广场空间（图7-146）。这里以景观设计为主要手法，同步点缀轻食餐吧、茶馆小亭等休闲娱乐空间，为市民提供了一个游玩散步的绝佳场所。在设计上，"南堰新景"充分考虑多种展示动线，在此基础上将车行、人行、游客、商业、水上流线一并纳入设计，打造了一个多维立体式的综合动线设计。提升空间互动性和体验性的同时，使得滨水公园成了社群活动的活力节点。广场上的雕塑承袭了南湖的红色基因，寓意着"汇聚、涌入、发展"。在这里，红色火苗主雕塑犹如星星之火，象征着中国共产党在南湖之地起源，寓意着革命精神的不灭和革命之势的燎原。身处其中，人们不仅能感受到天地的辽阔，更能激发出无畏前行的勇气和决心。"南堰新景"不仅为嘉兴市民提供了一个休闲娱乐

图 7-141 鸳湖里弄效果图

图 7-142 鸳湖里弄实景图

图 7-143　穿街水巷效果图

图 7-144　穿街水巷实景图

图 7-145 南湖书院实景图

图 7-146 南堰新景实景图

的漫步与广场空间，更是对嘉兴红色文化的一次致敬。在这一感受城市历史和文化的场所中，展现了嘉兴作为中国共产党起源地的独特地位和历史文化底蕴。

（三）浙江（嘉兴）长三角智慧产业园：北京理工大学长三角研究院（嘉兴）

在嘉兴，总师模式的智慧之笔还绘就了一幅科技、产业交织的创新画卷。嘉兴大力引进高端科研院校，致力于高层次人才培养与科技创新与研究转化，支撑"产学研"一体化发展。其中，组团级别系统性项目最具有代表性和影响力之一的当属浙江（嘉兴）长三角智慧产业园。随着《北京理工大学与嘉兴市人民政府共建长三角研究生院战略合作协议》签订，建设"双一流"北京理工大学长三角研究院（嘉兴）成为浙江（嘉兴）长三角智慧产业园的主体。北京理工大学长三角研究院（嘉兴）的落户，是总师模式下的点睛之笔，它不仅为这片土地带来了高端科研的力量，更为嘉兴的"产学研"一体化发展注入了强大的动力。北京理工大学长三角研究院（嘉兴），总体谋划规划用地 1000 亩（0.67 平方千米），选址于浙江省嘉兴秀洲区北部、秀水新城西北，毗邻古老的京杭大运河，不仅交通便利，更有着深厚的历史文化底蕴。在总师模式的引导下，团队统筹各大方案，征集众多智慧，将研究院的整体城市设计塑造得既体现江南水乡意韵，又充满现代科技气息。

1. 国际征集

北京理工大学长三角研究生院（研究院）总体规划设计与建筑设计概念方案（以下简称"设计方案"）国际征集历时两个多月，2021 年 2 月 6 日，召开了设计方案国际征集发布会；2021 年 2 月 25 日，组织了设计方案国际征集现场勘探；2021 年 3 月 12 日，召开了设计方案国际征集中期交流会；2021 年 4 月 10 日，召开了设计方案国际征集专家评审会。

在资格预选阶段，由崔愷院士、崔彤大师领衔国内外 5 家联合体参赛单位展开征集准备，形成了 5 套优秀的国际征集方案（图 7-147~图 7-151），并由沈磊总师领衔进行国际征集方案的现场评审（图 7-152），最终确定中标方案。

2. 系统整合

在设计方案国际征集阶段，中科院建筑设计研究院有限公司、中社科（北京）城乡规划设计研究院联合体的设计方案取得优胜，并由中国生态城市研究院有限公司领衔总控，中科院建筑设计研究院有限公司、中社科（北京）城乡规划设计研究院联合体，清华大学建筑设计研究院有限公司、博埃里建筑设计咨询（上海）有限公司、中国五洲工程设计集团有限公司联合体，中国建筑设计研究院有限公司，同济大学建筑设计研究院（集团）有限公司、上海同济城市规划设计研究院有限公司联合体等多家竞赛联合体单位同步合作，形成了嘉兴北京理工大学长三角研究院系统整合方案（图 7-153）。经过规划设计方案的系统整合梳理，最终由 BREARLEY（AUSTRALIA）PTY LTD+Denton Corker Marshall+ 中国联合工程公司组成的竞赛联合体开展了最终方案实施。

3. 项目呈现

1）南部创新研究中心及学生生活组团

在浙江（嘉兴）长三角智慧产业园内，北京理工大学长三角研究院（嘉兴）的南部创新研究中心及学生生活组团（图 7-154），以其独特的建筑形态，成了设计的一大亮点。建筑群的骨架由一条折叠的超长线性体量构成，宛如一条丝带轻轻铺陈在江南的大地上，并由一条公共廊串联南北，围合出多层次的合院，既承接了城市的现代繁华，又拥抱了滨水的宁静。

建筑立面设计是对江南水乡意韵的深情致敬，它将庞大的建筑体量化整为零，巧妙地调整到江南民居的尺度，使之既不失现代感，又融入了地域文化的温婉。均质的竖条落地窗，宽窄搭配，形成了一种统一的韵律，仿佛是水乡河道上的波光粼粼。立面上点缀的开洞，这一设计的巧思是对江南园林

图 7-147 北京理工大学长三角研究生院（研究院）总体规划设计与建筑设计概念方案国际征集方案1：鸟瞰效果图

图 7-148 嘉兴北京理工大学长三角研究院规划与建筑设计国际征集方案2：鸟瞰效果图

图 7-149 嘉兴北京理工大学长三角研究院规划与建筑设计国际征集方案3：鸟瞰效果图

图 7-150 嘉兴北京理工大学长三角研究院规划与建筑设计国际征集方案4：鸟瞰效果图

图 7-151 嘉兴北京理工大学长三角研究院规划与建筑设计国际征集方案5：鸟瞰效果图

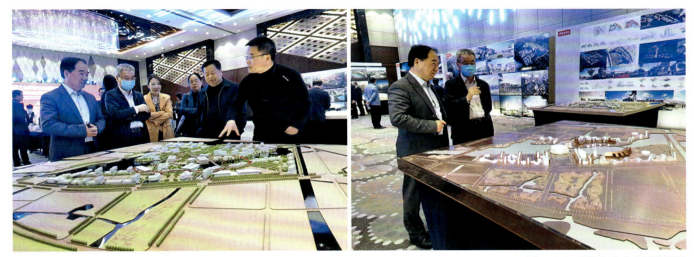

图 7-152　国际征集方案评审现场

图 7-153　嘉兴北京理工大学长三角研究院规划与建筑设计国际征集：系统整合方案

图 7-154 南部创新研究中心及学生生活组团效果图

深邃意境的再现，它们让室内外空间相互渗透，让人在建筑中也能纵享滨湖的美景，感受到空间的质感与感染力。

2) 图书馆

北京理工大学长三角研究院（嘉兴）（以下简称"研究院"）的图书馆，如同一颗智慧之珠，镶嵌在校园总体规划的东侧核心位置。这座多功能的知识殿堂，地上面积达17200平方米，地下空间也扩展至11000平方米。它不仅藏书丰富，还兼具档案、会议、行政办公、网络中心等功能，是学术交流与文化活动的中心。

图书馆的圆形建筑体量的设计效果（图 7-155），被3条校园空间轴线巧妙切分成4个部分，创造出丰富的室外公共空间，既提供了休憩的场所，又增强了建筑的通透性和互动性。其工业感十足的深灰色钢架，与纯净的白色墙面形成鲜明对比；而错落有致的窗洞，细若雨丝的外围拉索，不仅为建筑增添了轻盈之感，更体现了传统与现代、理工精神与江南风貌的完美融合。

图 7-155 图书馆效果图

图书馆不仅是学习的场所,更是思想的交汇点。在这里,每一本书都是知识的海洋,每一页纸都是智慧的翅膀,它以其独特的建筑设计语言,讲述着团队在整体规划设计中对学术的尊重和对文化的传承,通过与规划设计如一的实际建设(图7-156),展现了对功能与美学、科技与自然之间平衡的追求。

3)北部创新研究中心

研究院科研群落北组团的北部创新研究中心,是科研创新的摇篮。它秉承学科交叉融合的理念,汇聚了5个学科中心及公共教学空间。整体组团采用扣合布局,以水荡景观视线为导向,既呼应了周边环境和建筑的关系,又创造出丰富的景观空间。

北侧滨河水岸的建筑布局自由灵动,融入了小尺度园林景观的建筑理念,使得建筑与自然景观相互渗透,相得益彰。而其他方向则顺应周边关系,保持界面的完整性,展现了设计的细腻与周到。在这里,嘉兴的蓝绿基因与北京理工大学的精工精神碰撞

图 7-156　图书馆实景图

融合，形成了有理、有序、有技、有绿的立面形态。

北部创新研究中心的设计效果凸显了学术沉稳与水乡意蕴的交织（图7-157）。沉稳的定制灰砖基座，若隐若现的理性白色格栅幕墙，不仅呈现了江南粉墙黛瓦的意蕴，更彰显了现代科技的魅力。垂直立体绿化将生态环境引入到建筑内部，生态与文化的融合在这里得以完美体现。北部创新研究中心每一寸空间的设计的智慧与精心打磨，共同讲述了规划中关于生态、智慧、人文的校园故事。

4）北部学生生活组团

北部学生生活组团，是一片充满活力的学术社区，包含国际学术交流中心并涵盖生活区。国际学术交流中心的形态以"月亮"为原型，与图书馆的圆形造型形成一幅"日月同辉"的意向，象征着知识与智慧的辉煌。

生活区由学生活动中心及宿舍楼构成，学生活动中心的整体造型是一个圆形曲面，包含学生活动及食堂等功能。其设计灵感来自一片轻轻触碰自然的绿叶，寓意着生命的活力与成长的希望。宿舍楼的平面布局采用折线形式，立面高低错落，内部自由散落着具有休憩、交流功能的生态舱单元，形成一种森林般的生活环境，让日常生活与学术交流交织、学生们在自然中休养生息。

最终，由BREARLEY（AUSTRALIA）PTY LTD、Denton Corker Marshall 和中国联合工程公司组成的联合体对各项设计方案进行了深化与系统整合，呈现出研究院系统整合实施方案。目前，研究院的建设成果显著（图7-158），为嘉兴进一步增添了强有力的"产学研"力量。

（四）长三角国际医疗中心

在嘉兴，总师模式的智慧之手正在塑造一座未来的医疗明珠——长三角国际医疗中心（图7-159）。这个组团级系统性在建项目，不仅是医疗卫生行业的一个重要里程碑，更是公共服务设施组团中耀眼的领航标。它立足于嘉兴承载的国家战略和时代机遇，致力于推动创新力量在嘉兴的布局，展现了总师模式在实践中的巨大潜力。长三角国际医疗中心选址于嘉兴城市东部，借嘉兴市第二医院整体搬迁的契机，旨在引入国际一流、国内顶级的医疗资源。这里将被打造成一个国际化、高端化、特色化的医学科学高地，不仅能够带动嘉兴的城市能级跃迁，还能让嘉兴深度融入长三角大健康产业的一体化创新网络，成为辐射全国的"长三角国际医学中心"。未来，这里将成为"最先进、最智慧、最生态"的国际级医学中心示范，为嘉兴、长三角，乃至全国地区提供最前沿的医疗技术和服务。

图 7-157 北部创新研究中心效果图

图 7-158 嘉兴北京理工大学长三角研究院（嘉兴）现状航拍

图 7-159 国际医学中心及周边城市设计鸟瞰效果图

长三角国际医疗中心项目占地面积约为1000亩（0.67平方千米），其总建筑面积达到了45.12万平方米。这个庞大的项目西邻东栅老街片区，北接东郊森林公园，南与平湖塘相接，东侧紧邻三环东路，拥有得天独厚的景观资源。项目所在地的交通网络四通八达，有轨电车和快速路网将它与嘉兴至枫南市域线、嘉兴站、嘉兴高铁南站，以及区域高速公路网络紧密相连，为未来接轨上海的优质医疗资源奠定了坚实的基础。

长三角国际医疗中心将重点打造"肿瘤、心脑血管、创伤、肝胆胰"四大高水平的专科医学中心，并将陆续建设超大型综合医院、肿瘤医院、儿童医院、康复医院、转化医学中心、国际医疗中心、国际会议中心及未来医学等卓越临床医学学科矩阵。建成之后，各医院的总床位数将达到5500床，使之成为覆盖区域、辐射全国的医学科技创新与转化应用的高地。此外，长三角国际医疗中心还将联动周边生态资源，引入科研创新产业，带动区域连片开发建设。未来，将打造一个集医疗、教学、科研、康复、产业、服务等"六位一体"的国际医学城，引领嘉兴走向一个更加健康、繁荣的未来。

在总师模式的引领下，团队组织开展了长三角国际医学中心总医院建筑设计，及长三角国际医学中心详细城市设计方案的国际征集活动，涵盖城市研究、城市设计和超大型综合医院建筑设计，吸引了来自9个国家的47家设计机构组成的20个联合体团队的积极参与（图7-160~图7-163）。

这场设计竞赛从宏观、中观、微观三个层面对设计团队提出了严峻的挑战，经过沈磊教授总师团队联合众多行业专家对各征集方案的详细评审（图7-164），最终深圳市建筑设计研究总院有限公司的方案设计以其生态性和前瞻性脱颖而出，提出了"生态网络共同体"和"生命之翼"的设计概念（图7-165），成为本次国际征集的中标方案。这一设计致力于打造一个世界级的生态网络式医学示范项目，它高度提炼了未来医学中心的几大构成要素，与嘉兴"九水连心，绿楔入城"的生态基因相契合，旨在创造一个生态、交通、医学、科研、教育深度融合的超级医学中心。

方案中引用了原生水系，打造了医学"双湾"和疗愈"群岛"式的组团，而中央的"S"形带状公园则整合了景观、生态、立体交通和商业，有效地串联起了森林公园与平湖塘两大生态系统，促进了城市与大自然的有机交融。总医院的建筑设计更是致力于重构"创新、科技、生态和人文"之间的关系，营造一种充满未来感的独特城市意象。

图 7-160 长三角国际医学中心总医院建筑设计及医学中心城市设计国际方案征集 1：国际医学中心及周边城市设计鸟瞰效果图

图 7-161 长三角国际医学中心总医院建筑设计及医学中心城市设计国际方案征集 2：国际医学中心及周边城市设计鸟瞰效果图

图 7-162 长三角国际医学中心总医院建筑设计及医学中心城市设计国际方案征集 3：国际医学中心及周边城市设计鸟瞰效果图

图 7-163 长三角国际医学中心总医院建筑设计及医学中心城市设计国际方案征集 4：国际医学中心及周边城市设计鸟瞰效果图

图 7-164　长三角国际医学中心总医院建筑设计及医学中心城市设计国际方案征集专家评审现场

图 7-165　长三角国际医学中心总医院建筑设计及医学中心城市设计国际方案征集中标方案：国际医学中心"生态网络共同体"和"生命之翼"

方案构建了中央共享枢纽，两翼分布卓越医学中心（COE）的分区模式，展现了规划对高效医疗空间和流畅交通网络的深刻洞察。中央共享技术枢纽和共享服务枢纽的设立，有效地整合了大型医技平台和配套服务平台，实现了资源的全域共享和服务的全面支持。这种模式不仅提高了医疗服务效率，也增强了患者的就医体验。

医学中心的交通量具备大型城市枢纽的交通组织特质。因此在交通设计上，基于共享交通枢纽的概念，方案巧妙地整合了地铁、有轨电车、公交站、出租车接驳、下穿市政道路、空中慢行系统、空中 PRT 智行小车等系统，实现了多类公共交通的无缝接驳换乘，创造了一个便捷高效的交通网络，既考虑了患者的就医便利，也考虑了医护人员的工作效率和医院的运营效率，是对智慧城市交通理念的深入理解和应用。

卓越医学中心（图 7-166），作为长三角国际医疗中心的核心，象征着未来医学的发展趋势和最高标准。其设计理念遵循了疾病由轻到重的分区原则，形成了有序的卓越中心群，确保了医疗服务的连续性和高效性。卓越医学中心以病患为中心，围绕各自的优势专科进行资源的精准布局，旨在打造一站式医疗服务闭环，从疾病的预防、诊断、治疗到康复，患者可以便捷快速地完成多项流程，大大提升了就医舒适度。此外，卓越医学中心的一站式医疗服务闭环，还促进了临床、科研、培训、工程、后勤等多部门的紧密协作，为实现真正意义上的跨学科交流提供了平台。这种模式不仅有助于医疗技术的创新和医疗服务的提升，也为医学教育和科研工作创造了良好的环境。

长三角国际医疗中心的规划设计，体现了总师总控模式在规划制度上的优越性。细致考量的规划与设计，是对医疗服务未来发展趋势的准确把握和对患者体验的深刻关怀。它将助力嘉兴成为医学科技创新的高地，为区域乃至全国的医疗服务水平的提升做出重要贡献。

（五）城市品质及人居环境提升

嘉兴，是马家浜文化的发祥地与吴越文化的传承地。这座承载着双重文化的历史名城，在悠久的历史传承和改革发展实践中，既凝练了嘉兴"崇文厚德、求实创新"的人文精神，又彰显了"越韵吴风""水乡绿城"的文化底蕴和生态特征。在重大核心项目的基础上，总师团队的目光也关注到了城市品质的提升更新，既要保证新建项目的高质量高标准呈现，也要突出城市在存量发展背景下，人居环境的进一步改善，致力于让历史文明与现代文明在这里和谐共融、交相辉映。

图 7-166 长三角国际医学中心总医院建筑设计及医学中心城市设计国际方案征集中标方案：国际卓越医学中心总医院效果图

城市品质及人居环境提升系列项目，就是总师团队在组团级系统性项目中对人文的充分关怀及对城市细腻考量的例证。随着经济产业的快速发展，嘉兴迎来了城市的快速扩张与高质量发展。建党百年之际，正处于我国城市从外延扩张向内涵增长的转型时期，这对于嘉兴城市高质量发展和品质提升提出了更高要求，也对城市精细化管理提出了更高要求——不仅要提升城市形象，打造更加整洁、优美的城市人居风貌，让天际线"颜值"越来越高，更要深入进居民生活的方方面面，实现精细化管理。城市品质及人居环境提升项目，是民心工程的具体体现，它关乎民生，关乎人民的生活质量。我们希望项目的实施能提升嘉兴的城市面貌，更希望增强居民的获得感和幸福感。总师团队坚信，涉及人民民生的环境整治与品质提升项目，才是真正实现"全面小康，一个都不能少"的民心工程。

在总师模式下，针对嘉兴中心城区的城市环境问题，团队延续了已有的中心城区品质提升工作阶段性基础，坚持"人民城市人民建，人民城市为人民"工作理念，围绕"抓点、连线、扩面"精心规划建设，贯通"断头河"，消灭"拎马桶"，整治"筒子楼"，告别"城中村"……通过高质量的城市品质及人居环境提升，呈现出嘉兴人居环境的底图，重点开展"拎马桶、筒子楼革命""菜市场革命""公厕革命"，以及系列道路改造、公共服务设施的提升等。

1. 一环四路

"一环四路"的改造提升（图 7-167、图 7-168），彰显了嘉兴重塑江南慢享古城的决心与行动。中山路、禾兴路、勤俭路、建国路，两纵两横间交织着嘉兴人老底子的生活点滴；一条环城河与一条环城路，共同环抱起这座城市的悠悠历史和文化根脉，交织着社会发展的兴衰。"一环四路"即中山路（环城河内段），定位为中央文化大街；环城路（河），定位为环城绿洲；禾兴路（环城河内段），定位为交通主街道；建国路（环城河内段），定位为慢行老街；勤俭路（环城河内段），定位为生活服务街。

对于老嘉兴人来说，"一环四路"形成的内圈绝对是嘉兴这座城市的中心，曾经的浙北第一街中山路、嘉兴最早的水泥路建国路、当年最繁华的商业街勤俭路，以及瓶山集于一堂，诉说着这座城市的灵魂根脉，然而璞玉蒙尘，房屋的老旧、空间的混乱、交通的拥挤是这块闹市区的一个"通病"。为打造具有国际化品质的江南水乡名城，营造"国际范、江南韵、运河情、红船魂"的城市风貌，进一步彰显"文化名城、江南水乡、红船圣地"的城市魅力，2019 年嘉兴启动"一环四路"环境整治提升改造工程，加速推动老城蝶变跃升。

图 7-167 一环四路风貌改造效果图

图 7-168 一环四路风貌改造实景图

图 7-169 一环四路"城市公园带"景观风貌改造实景图

"一环"是"城市公园带"的魅力升级。沿路行驶，西水驿亭、沈钧儒纪念馆、穆家洋房、望吴门……一个个饱含历史故事的文化建筑点缀其间，静静地诉说着这座城市的过往。这条环形道路在20世纪20年代拆除城墙后建造，俗称"城基马路"。后来，根据方位的不同，分别被称为环城东路、环城南路、环城西路和环城北路，总长约5.7千米。古往今来，居民们在城内建房安家，逐渐形成了城市最初的模样。岁月的积淀，让城市的历史更显厚重，却也在不知不觉中残缺了建筑、侵蚀了路面，与品质嘉兴显得格格不入。

在"一环四路"环境整治提升工作中，环城路以打造江南韵·运河情的"环城绿洲"为目标，力争使环城路成为展现嘉兴市中心"最江南慢享古城"的窗口。改造在深入挖掘沿线文化历史元素的同时，兼顾市民的使用需求，让环城河成为市民可进入、能游玩、愿停留的"城市公园带"。经过一年多的改造提升，环城路如今已惊艳"蝶变"：从整洁宽敞的道路到隐形井盖，从见缝插绿的街角小花园、微景观到江南韵味的中式建筑立面，从文化气息浓厚的亭台连廊到路边供市民休憩的城市家具……车行道、骑行道、人行道和滨水步道四区分而置，车辆、行人各处其道，井然有序；行走其间，随处可感受到嘉兴老城区的古韵新风，这里已然成为一条江南韵味、历史文化气息浓郁的环城绿洲。不仅如此，在此次改造提升中，老城区的各个景点包括月河、芦席汇、梅湾街、狮子汇、船文化博物馆等在内的21个景点也被串联了起来，形成一条"宜居、宜游、宜文"的"城市公园带"（图7-169）。

"四路"则展示了老城古韵新风。在此次改造提升中，四条道路都有各自的功能定位。

一条中山路，半座嘉兴城。中山路，自1985年扩建至今，其沿街建筑外立面还没有大规模改造提升过，此次改造东起中山东桥，西到中山西桥，涉及长度约1500米，改造内容包括有轨电车道地基加固、梳理交通组织、提升建筑外立面、打开地下通道等。走进中山路，江南大厦等标志性建筑立面焕然一新，国际范儿十足，沿线大部分住宅立面采用不同灰度的软瓷搭配仿木纹铝合金材质，呈现出江南高端民宅的气质，底楼的店招底板采用时尚的黄绿色冲孔板体现商业街的活力，中央文化大街形象已然显现。

禾兴路，是嘉兴市区南北向交通的主干道之一，沉淀了嘉兴深厚的文化历史信息。此次改造从平道路、改立面、靓家具、优绿化、美亮化等方面进行综合提升，从改造效果来看，马头墙、披檐、观音兜……江南水乡民居特有的粉墙黛瓦跃然眼前，抬头望去，杂乱无章的广告牌、形似蜘蛛网的飞线都消失了，路边多杆合一，变得清爽有序。禾兴路的定位是交通主干道，主要功能就是通行。由于两边建筑已经成型，大部分路段是无法拓宽的，为了提高道路通行能力，相关单位将非机动车道从原先的机动车道上分离出来，有效改善了通行速度并提升了通行安全性。

建国路，曾是市中心最繁华的商业市街，在此次改造中，建国路的定位是慢行老街，旨在打造以民国风为主题的休闲文化购物街。建国路环境整治提升项目总共涉及29幢建筑，总体风貌保留原有近现代建筑群基底，延续嘉兴特色的海派江南风格，提升街道品质，营造商业氛围，并体现文化传承与沉淀。其中，最有特点的设计是沿街增加了骑楼，骑楼宽2~2.4米，高3~4米，有效避免了市民及游客在逛街时的日晒雨淋。

勤俭路，定位为生活服务街，油烟、内涝干扰着市民游客的正常生活需求。看得见的是整洁，看不见处见良心——下水道是一座城市的良心，因为建设时间长、设计标准低、管材破损等原因，遇到暴雨或台风季节，勤俭路、禾兴路等地容易形成内涝。此次环境整治提升，这一问题也得到了解决。整个老城区以前雨污不分流，过去遇到暴雨、大暴雨，由于市中心道路下水管细，道路上的下水常常会来不及；这次改造，有条件的道路彻底做到了雨污分流，老城区排污能力、排涝能力都有很大提升。整改过后下水更快，路面也更加平整。

"一环四路"的改造提升主要涉及建筑风貌整治、基础设施改造、绿化景观整治等方面。整治内容包括平道路、改立面、理杆箱、靓家具、优绿化、美亮化、拆违建、清广告。运河情、国际范，品质提升暖民心，老城面貌展新颜。如今走在"一环四路"上，粉墙黛瓦、亭台楼阁，沿路的建筑立面都翻修一新，抬头望去，杂乱无章的广告牌、形似蜘蛛网的飞线都消失了，路边多杆合一，变得清爽有序；道路变得整洁了，外立面变得有江南韵味了，天际线变得干净了……偶尔还能被路边的景观小品吸引，去凉亭、驿站、公园等地休憩一下，慢享愉悦时光。此外，嘉兴市"一环四路"景观建筑亮化项目还先后斩获了2022年度"北京照明奖"二等奖、第十八届"中照照明奖"三等奖等荣誉，凸显了各类改造提升的高质量呈现。作为嘉兴市"百年百项"重大项目的"一环四路"环境整治提升项目，使得江南水乡风貌的整体效果已初显形象；行走其间，随处可感受到嘉兴老城区的新面貌，展现了高品质的人居环境（图7-170）。

图 7-170 "一环四路"风貌改造后高品质的人居环境

2. 三大革命

在嘉兴城市品质及人居环境提升的更新行动中，对"拎马桶，筒子楼革命""菜场革命"和"公厕革命"的"三大革命"的变革正在深刻影响着这座城市的面貌和居民的生活。总师团队协同各级政府和建设团队，全面启动老旧小区改造。

首先，通过"拎马桶，筒子楼革命"对嘉兴的老旧小区进行了系统的人居环境改造与品质提升（图 7-171），包括依法拆除违建、管道改造、外立面和公共部位的整修、停车扩容、邻里服务设施的完善、环境的美化，以及智能社区的打造等。这些改造旨在创造一个更加人性化的生活空间和全龄化的活动场所，从而实现小区的品质提升和居民健康的保障，以品质小区、健康小区切实增强群众的获得感。

总师团队仅用时 10 个月就使 1639 户困难居民告别了住在"筒子楼"、过着"拎马桶"日子的生活，完成了老旧小区 24 片 139 个 3.5 万户的改造，受惠居民 10.5 万人。2020 年市区完成房屋征收（收购）177 万平方米，其中中心城区完成 133 万平方米、3000 多户，相当于过去四年年均值的 3 倍。

其次，通过"菜场革命"，总师团队还建设了兼具烟火气与智慧感的"幸福里""杨柳湾"等（图 7-172）网红菜场，不仅改变了"脏乱差"的农贸市场形象，还提供产品溯源、农药检测、网络配送等服务。对公共基础设施的升级，不仅提升了城市的服务水平，也增强了公共空间的利用效率，使市民能够更加便捷、高效和舒适地享受城市公共服务。

同时，"公厕革命"使得公共基础设施也得到了显著的改善，极大地方便与丰富了居民的日常生活。总师团队对 87 座公共卫生间进行了改造提升（图 7-173），特别是 10 座"禾城驿·温暖·嘉"驿站的建设（图 7-174），将单一的公共厕所转变为集

图 7-171 嘉兴"筒子楼革命"改造前后实景对比

图 7-172　嘉兴"菜场革命"改造前后实景对比

图 7-173　嘉兴"公厕革命"改造前后实景对比

图 7-174　嘉兴"禾城驿·温暖·嘉"驿站建成实景图

阅读、交流、休憩等功能于一体的公共服务综合体。

老建委驿站是总师团队践行"公厕革命"的典型代表。这个位于嘉兴市老城核心中山路的项目，是城市碎片空间利用的典范，旧址疲敝不堪（图7-175）。场地坐落在不同年代大楼之间的缝隙中，成了嘉兴老城重塑计划中的一部分。该项目不同于大规模的整体更新，而是在碎片空间中引入了简·雅各布斯的"街道眼"概念，通过"器官化"的点式更新，旨在唤起人们对老城复杂多样生活的热爱。

场地的最大特征是其无序性和边界模糊性，场地内4棵枝繁叶茂的香樟树也独具魅力。项目目标在于重新利用这片场地，创造一个活跃的社区活动空间，同时满足公共卫生间的基本需求。改造后的驿站提供了一个多功能、信息丰富且舒适的环境，多功能阶梯座位区、现代化的室内设计、舒适的室内环境都为游客提供了便利和舒适，无论是在短暂停留还是需要长时间等待的情况下，都能满足游客的需求（图7-176）。

驿站建筑以"大树底下好乘凉"的姿态介入，巧妙地融入场地的复杂环境，通过在不规则的场地上建立庭院来保留这4棵香樟树，限定边界，并确保整个屋面都趴在树荫之下。为了吸引公众到访，项目在建筑空间和庭院中置入了楼梯和坡道，以构成丰富的立体流线。在沿街面，设计使用了厚重的木纹混凝土和轻盈的金属网，以迎接公众的视线。当访客接近时，混凝土卷起的入口勾起访客一探究竟的好奇心，引导他们进入预设的行走流线，探索这座充满巧思的建筑。

老建委驿站的设计巧妙地利用了环绕的坡道和楼梯，将屋顶露台打造成第一个吸引人的停留空间。在这里，人们可以在香樟树荫空间下享受安全舒适的休憩时光，同时俯瞰墙外中山路的车水马龙，感受城市的脉动。随之进入的北侧庭院坡道，则成了附近社区小朋友们的乐园，浅水景的庭院设计保证了儿童嬉戏时的安全。而从坡道下方迂回穿插、进入建筑主体内部的通道，则可以作为社区小型宣讲的场所，提供一个多功能的空间。建筑的主体部分是一个开放的阶梯式阅读空间，设置了整片的书墙和不同标高的读书平台。这个空间既可以作为整条立体流线的终点，也可以是起点，提供了丰富的阅读体验。阅读空间与屋顶相结合，以三角形作为构成元素，隐喻了"嘉兴粽子"，恰当地表述了地域文化的特色。

"一条中山路，半座嘉兴城"，中山路对于嘉兴人来说，是抹不去的城市记忆，见证了这座城市的发展变迁。老建委驿站通过小规模的点式更新，不仅激活了老城的碎片空间，也成了充满活力的城市乐趣之眼、公共生活之眼。它成了周边社区小朋友的儿时记忆，也成了不同年龄段大人们值得留恋和回忆的"老街头"。老建委驿站的设计，为中山路的整体更新打造了一个充满活力和功能的示范，是对城市碎片空间的充分利用，也是对老城文化的一种尊重和传承。驿站更新的创新实践，为居民和游客提供了一个充满魅力的公共空间，是总师团队在嘉兴的规划实践中对城市空间重塑和社区激活的深刻理解和创新。

除此之外，在城市风貌的特色指引与管控下，团队还对各类户外广告牌和违法建筑进行了整治、拆除，有效地改善了嘉兴市的"脏乱差"现象；同时对嘉兴道路及公共设施进行了全面的品质改造，提升了城市的美观度和秩序感（图7-177）。

"三大革命"的变革，是总师团队精准规划、整体把控和多方配合的成果。在短短10个月内，近2000户困难居民的生活条件得到了根本改善，他们告别了"筒子楼"和"拎马桶"的旧态，迎来了更加宜居的新生活。这场变革不仅改变了居民的生活环境，也提升了居民的生活品质，是嘉兴城市更新和品质提升的一个缩影，展现了总师团队在嘉兴的规划实践中，对城市可持续发展和人文关怀的坚定承诺。

图 7-175 老建委驿站改造前基底旧址实景图

图 7-176 老建委驿站改造后实景图

（a）半亭改造　　　　　（b）公交站改造　　　　　（c）河沿岸改造　　　　　（d）骑行道改造

图 7-177 嘉兴道路改造及公共设施提升

结语
Conclusion

为满足新时代国土空间治理和城市高质量发展的诉求，解决规划编制、管理、实施脱节的问题，城市总规划师模式（以下简称"总师模式"）应运而生。总师模式是统筹城乡规划、建设、管理、运营、服务全生命周期的系统实践，也是政府行政管理和专业技术管理高度融合的创新探索，更是协助地方政府提升规划治理水平的有效手段，对运用系统观念、系统方法，充分发挥具有中国特色的国体、政体、规体优势，提升空间治理的科学性、有效性和落地性，塑造新的规划治理角色认知，促进国土空间治理现代化具有重要的支撑作用。

总师模式是贯穿前期定位、设计组织、规划实施、运作维护的全系统规划建设管理服务模式。沈磊教授带领团队在大量实践工作的基础上创新出总师模式的制度体系、方法体系和技术体系。总师模式创新了政策属性机制，构建了城乡规划建设行政管理与技术管理"1+1"的管理机制，通过将专业技术审查纳入决策程序，解决了我国城乡规划中行政管理与技术管理割裂的问题。

立足建党百年华诞，沈磊总师团队在嘉兴开展了一系列规划实践，发挥了总师模式的制度优越性。在各大重点板块中，总师总控模式秉持生态优先的原则，在充分开展本底分析的基础上凝练出了"一控规多导则"的管控传导体系、"建设管控导则"指引的一般性综合管控体系和"规建管运服"五位一体的重点统筹体系。提出了宏观、中观、微观的具体城市发展导则指引，包括编制九水建设管控导则、编制建筑风貌导则、编制城市设计指引等，重点锚定嘉兴"九水连心、圈层抬升"的长期空间治理目标和"一心两城、百园千泾"的资源要素精准布局。最终为嘉兴的城市空间布局提出了以"党的宗旨的体现、国家战略的落实、不忘初心的行动"为核心，以"生态文明、城乡融合、产业兴旺、文化传承、区域统筹、人民幸福"为目标，以"九大板块"为工作内容的"三六九"城市发展路径，为未来城市设计以及城市设计工作搭建总师模式下新的"顶层设计"。

首先，我们开展了城市级系统性总师总控。例如秀洲区绿色一体化发展示范区的形成，就是以 EOD 生态环境的价值体现来促进城区的发展，提出建设 TOD 模式下的高铁新城，以 9 种公共交通来支撑城区的发展。这种以低碳为目标的生态城市建设为减碳降排提供了综合性、整体性、系统性的解决方案，其最终通过能源结构、产业结构、基础设施、用地布局、交通出行的优化调整体现出城市的紧凑发展、公共交通的支撑以及低碳和绿色能源的选择。

其次，我们开展了重点片区及组团级的总师总控。结合建党百年和远期发展的规划，推动重点片区建设在系统性的前提下分阶段推进和实施。重走一大路、慢享古城、高铁新城、湘家荡科创园、南湖周边风貌区等片区内精品项目如数呈现，共同将"九大板块"塑造成建党百年之最精彩板块。

再次，我们深化了高质量的技术管理。城市总规划师的核心服务内容包括技术审查、组织专家论证、组织征求意见等。城市总规划师从前期项目规划设计条件优化、方案的技术审查和设计文件审核，到国际征集和方案比选、施工现场的指导，层层落实以指导项目落地，保证项目品质的提升。

最后，我们针对重点项目进行了全过程实施总控。针对南湖天地、高铁新城、北理工等重点建设项目的系统性、全面性和复杂性，结合全生命周期理论，运用总师总控管理模式，有序统筹各个生命周期阶段多个主体的协同合作，有效推进项目在计划时间内的高质量落地，保证后期使用及运营的科学性、合理性和可持续性。

本书系统性地总结和梳理了总师团队在嘉兴开展的规划编制、规划管理和规划实践探索，在众多参编人员的共同努力下，历经数月成型，总结总师模式的规划智慧，为长三角生态绿色一体化发展示范区周年献礼。本书旨在通过归纳国家近年来规划发展的趋势动向，跟随高质量发展和新型城镇化的潮头，把握转型时期对空间规划的要求与挑战；同时，本书旨在通过系统性的制度理论创新，提炼总师模式对新时代规划挑战的应对方法，并在嘉兴展开了从本地研判到策略提出再到实践蝶变的创新规划模式应用，以期为规划师、政府决策部门等提供专业角度的理论和实践案例参考，同时也希望为关心嘉兴与城市规划的大众读者提供可读性较强的"规建管运服"全流程纪实。

在这个时代发展转型的节点，中国城镇化发展要想从粗放走向高质量、从灰色走向绿色、从以物质文明生产为中心走向以人民为中心，就意味着需要空间规划的指导和引领。总师模式的提出，有效解决了我国目前存在的城市规划与治理体系建设不足、现有体系与工作模式无法适应规划实施的要求以及规划编制、管理、实施关系的严重割裂、缺乏整体性思维与动态管控等问题。在推进新时期城市治理现代化、促进国土空间规划改革、推动高质量城镇化转型、构建高效能的城市规划管理制度机制等方面具有较大的参考价值。

新时期高质量空间规划治理需要体制机制全面创新。在转型时期，随着城市对质量型发展的要求越来越高，我们也就越需要有总规划师在中国城市转型关键期发挥好不可替代的重要角色，有效突破规划治理困境。城市总规划师模式在嘉兴丰富的案例实践过程中，我们率先探索了行政管理与技术管理相结合的"1+1"工作方式，使技术管理更好地支撑行政管理，行政管理则在更加专业化的支撑下更好地履行职责，以适应城市高质量发展的大方向。总师模式与各级政府的工作都能够良好地契合与融合，也对各行业产生了巨大的影响与指引，具有一定的历史和现实意义。

从规划效用的角度来说，当前总规划师模式对城市社会经济发展的指引、城市规划建设风貌的把控等城市远景发展的影响，都已达到了预期的良好效果，但城市规划仍需要经历一个长期的、持续发展的过程，才能充分体现其作用。总师团队在嘉兴规划实践中所取得的成就非常值得归纳、总结和提升。站在下一个百年的开局之年，我们希望以此为开端，持续对城市空间的生态性、文化性、人民性、时代性展开针对性的思考、研究和实践，在城市可持续、绿色高质量发展的变革中，率先走出一条具有中国特色的空间规划治理新道路，也为其他城市高质量建设输出可参考、可借鉴的模式。

最后，诚挚感谢中外高水平的设计团队和机构，他们精湛的专业技术和开拓性的创新精神以及辛劳的付出，促进了总师总控规划战略构想一步步走稳走实，在大家的勤劳耕耘下，一张张规划蓝图转变为嘉兴的文化地标、生态乐土、人居福地和精神家园。同时，诚挚感谢为本书的编著、出版付出辛劳的人员、单位，没有他们夜以继日的工作，本书难以如期完成。因时间所限，写作过程中难免有所疏漏和不妥，望读者不吝赐教、批评指正。

参考文献
Reference

[1] 中华人民共和国中央人民政府. 习近平：高举中国特色社会主义伟大旗帜 为全面建设社会主义现代化国家而团结奋斗——在中国共产党第二十次全国代表大会上的报告 [EB/OL]. (2022-10-25) [2024-03-20]. https://www.gov.cn/xinwen/2022-10/25/content_5721685.htm.

[2] 习近平. 高举中国特色社会主义伟大旗帜 为全面建设社会主义现代化国家而团结奋斗 [N]. 人民日报，2022-10-26（001）.

[3] 习近平. 携手同行现代化之路 [N]. 人民日报，2023-03-16（002）.

[4] 中华人民共和国中央人民政府. 中华人民共和国国民经济和社会发展第十四个五年规划和2035年远景目标纲要 [EB/OL]. (2021-03-13) [2024-03-20]. https://www.gov.cn/xinwen/2021-03/13/content_5592681.htm.

[5] 中华人民共和国中央人民政府. 中共中央 国务院印发《长江三角洲区域一体化发展规划纲要》[EB/OL]. (2019-12-01) [2024-03-20]. https://www.gov.cn/zhengce/2019-12/01/content_5457442.htm.

[6] 上海市规划和自然资源局. 上海大都市圈空间协同规划 [EB/OL]. (2022-09-28) [2024-03-20]. https://ghzyj.sh.gov.cn/gzdt/20220928/398a780306ca4e4fbbb03e38208ab89c.html.

[7] 杭州日报.《杭州都市圈发展规划（2020-2035年）》正式获得通过！[EB/OL]. (2020-11-20) [2024-03-20]. https://baijiahao.baidu.com/s?id=1683864578826989351.

[8] 浙江省侨商会. 服务国家战略，松江杭州嘉兴共同签订《沪嘉杭G60科创走廊建设战略合作协议》[EB/OL]. (2017-07-18) [2024-03-20]. https://www.zaoce.com/newsdetail.php?id=8392.

[9] 中华人民共和国中央人民政府. 发展改革委关于印发《虹桥国际开放枢纽建设总体方案》的通知 [EB/OL]. (2021-02-22) [2024-03-20]. https://www.gov.cn/gongbao/content/2021/content_5591416.htm.

[10] 沈磊. 城市总规划师模式 嘉兴实践 [M]. 北京：中国建筑工业出版社，2021.

[11] 沈磊. 城市更新与总师模式 [M]. 北京：中国建筑工业出版社，2024.

[12] 沈磊. 天津城市设计读本 [M]. 北京：中国建筑工业出版社，2016.

[13] 沈磊. 城乡治理变革背景下总规划师制度创新与嘉兴实践 [J]. 建筑实践，2021（9）: 34-45.

[14] 沈磊，张玮，马尚敏. 九水连心：营造高品质人居环境规划建设典范 [J]. 建筑实践，2021（9）: 58-64.

[15] 沈磊，鉏新良，张玮，等. 文脉溯源：从马家浜文化发祥地到红色革命圣地的城市发展史 [J]. 建筑实践，2021（9）: 10-19.

[16] 沈磊，张玮，何宇健，等. 空间价值导向下自然特色要素建构城市规划格局的探索——以嘉兴九水连心规划为例 [J]. 建筑实践，2021（9）: 48-57.

[17] 沈磊，张玮，武俊良. 总师思想：探索新时代高质量生态品质城市规划建设新思路 [J]. 建筑实践，2021（9）: 84-89.

[18] 沈磊，黄晶涛，刘景樑，等. 城市设计整体性管理实施方法构建与实践应用 [J]. 建设科技，2020（10）: 31-33.

[19] 沈磊. "理"想建筑 [J]. 城市环境设计，2014（Z2）: 108-109.

图书在版编目（CIP）数据

九水连心：嘉兴市规划建设总师示范 = Nine Waters Converge into One Heart：Jiaxing Urban Planning and Construction Chief Planner Demonstration / 沈磊编著. -- 北京：中国建筑工业出版社，2024.11. -- （城市总规划师与生态城市实践系列作品）. -- ISBN 978-7-112-30647-3

Ⅰ. TU984.255.3

中国国家版本馆CIP数据核字第202458HJ29号

责任编辑：兰丽婷
责任校对：王　烨

城市总规划师与生态城市实践系列作品
九水连心
嘉兴市规划建设总师示范
NINE WATERS CONVERGE INTO ONE HEART
Jiaxing Urban Planning and Construction Chief Planner Demonstration
沈磊　编著

*

中国建筑工业出版社出版、发行（北京海淀三里河路9号）
各地新华书店、建筑书店经销
北京海视强森图文设计有限公司制版
天津裕同印刷有限公司印刷

*

开本：787毫米×1092毫米　1/12　印张：$24\frac{1}{3}$　插页：1　字数：479千字
2025年1月第一版　2025年1月第一次印刷
定价：308.00元
ISBN 978-7-112-30647-3
（43905）

版权所有　翻印必究
如有内容及印装质量问题，请与本社读者服务中心联系
电话：（010）58337283　QQ：2885381756
（地址：北京海淀三里河路9号中国建筑工业出版社604室　邮政编码：100037）